U0244361

建筑学与学建筑丛书

# 建筑学之外

荆其敏　　著
张丽安

东南大学出版社
SOUTHEAST UNIVERSITY PRESS
南京·2015

## 内容提要

本书要讲述的是当代建筑学中复杂的冲突与矛盾中需要更新与补充的一些建筑知识及其技能，主要涉及建筑学的内外观、环境建筑学、网络建筑学、生态建筑学、园林城市主义，以及建筑之外的建筑符号学、建筑心理学、建筑文化学、形态学、类型学、拓扑学与建筑学的关系等。随着时代的进展，这些与建筑学相关的广泛而有趣的课题，尚需我们学习、再学习。

本书可供建筑学专业的学生、教师以及年轻的建筑师学习参考。

**图书在版编目（CIP）数据**

建筑学之外 / 荆其敏，张丽安著 . —南京：东南大学出版社，2015.1

（建筑学与学建筑丛书）

ISBN 978-7-5641-5461-5

Ⅰ . ①建…　Ⅱ . ①荆…　②张…　Ⅲ . ①建筑学　Ⅳ . ① TU-0

中国版本图书馆 CIP 数据核字（2015）第 004838 号

书　　　名：建筑学之外
著　　　者：荆其敏　张丽安
责任编辑：徐步政　孙惠玉　　编辑邮箱：894456253@qq.com
文字编辑：李　贤

出版发行：东南大学出版社
社　　　址：南京市四牌楼 2 号　　邮　　编：210096
网　　　址：http://www.seupress.com
出 版 人：江建中

印　　　刷：江苏兴化印刷有限责任公司
排　　　版：江苏凤凰制版有限公司
开　　　本：787mm×1092mm　1/16　印张：14　字数：332 千
版　　　次：2015 年 1 月第 1 版　2015 年 1 月第 1 次印刷
书　　　号：ISBN 978-7-5641-5461-5
定　　　价：39.00 元

经　　　销：全国各地新华书店
发行热线：025-83790519　83791830

# 前言

　　建筑学是一门古老的学科，建筑学概念随时代的发展不断改变与更新，其中历来都是传统的建筑学概念——维特鲁威所提出的实用、坚固、美观三大建筑学要素，也都产生过许许多多的更迭。今天的建筑设计、城市和区域规划中带有的矛盾和冲突之多是难以想象的。接受和探讨这些传统建筑学概念以外的自相矛盾和复杂的新理念，正是《建筑学之外》一书所要展现的内容，其目的是要使现代建筑学概念更真实有效而充满活力。

　　引用罗伯特·文丘里（Robert Venturi）的名著《建筑的复杂性与矛盾性》中所说："我爱建筑的复杂和矛盾，我不爱杂乱无章、随心所欲、水平低劣的建筑，也不爱如画般过分讲究的繁琐或叫表现主义的建筑。相反我说的这一复杂和矛盾的建筑是以包括艺术固有的经验在内的丰富而不定的现代经验为基础的。除建筑以外，在任何领域中都承认复杂与矛盾的存在。"《建筑学之外》一书要讲述的正是当代建筑学中复杂的冲突与矛盾中需要更新与补充的一些建筑学新概念、新内容。"建筑环境设计"是建筑学概念的扩展；"大地网络建筑学"是地理信息遥感技术和计算机技术的成果；"生态建筑学"是工业化城市化过度污染危机后的新兴学科；"园林建筑学"开创了节能生态保护大自然的新领域；"从设计主导自然到设计顺从自然"是生态可持续发展的必然趋势；"人本主义的建筑文化"关注的是人不是物；"建筑心理学"更加注重人的行为和情感；"建筑的审美艺术"差异越来越大；建筑艺术中的"道"是中国传统的建筑哲学观；"传统与现代"尚古与仿古，中西融合不是大杂烩；"非建筑"也许不是建筑；等等。五花八门的"建筑学之外"都逐渐演进成为建筑学庞大内容中不可或缺的部分。这些复杂与矛盾的学说亟待学者与业者的学习与充实。

　　"建筑学之外"是一个与建筑学之内相关的广泛而有趣的课题，随着时代的进展，它尚待我们后续的学习、再学习，研究、再研究。

荆其敏

2014 年 1 月

# 目录

# 第一章　建筑学概念的延伸——环境建筑学

## 一　什么是环境建筑学

　　建筑学是一门古老的学科，20世纪工业化和城镇化的高速发展使得建筑学的学科领域迅速扩大，建筑学的概念发生了许多变化与更新。20世纪70年代，环境建筑学应运而生。环境建筑学包括的内容广泛，是传统建筑学概念的更新与延伸，环境建筑学是传统建筑学之外更广大的领域。区域规划、城市规划、城市设计、建筑设计、环境艺术、园林景观、室内设计、艺术、心理、空间、文化等，都属于建筑环境。建筑师、规划师、景园设计师、室内设计师，所有的设计师都是环境设计师，他们之间没有明确的界限，设计的方法都一样，只是所涉及知识的领域不同而已。正如建筑大师阿尔多·罗西所说："城市是个大建筑，建筑是个小城市。"自此建筑学的概念已经不限于实用、坚固、美观，建筑本体的三大设计要素概念范围步入了环境建筑学更宽广的新概念中。

　　环境建筑学研究的目的是解决当前工业化、城市化引发的自然与生态危机的情况下，传统建筑学的理论的深化与更新问题。环境建筑学引进与环境科学有关的新兴学科理论，并与建筑学结合，以提高人为环境设计的环境质量，建立重视与保护自然与生态环境为基础的新时代的全新建筑观。

　　环境建筑学的研究内容包括生态建筑学和城市生态学，探讨生态建筑体系，论述生态学与建筑学的结合，研究生态的城市设计、城市社会文化环境，建立环境建筑学的理论基础。

　　针对环境建筑学，我国着重于土环境、水环境、植物环境、地下空间、建筑生态学和环境景观等方面的研究，在理论和实践上吸取其他学科领域的成果（理论与方法）；在建筑心理学、建筑文脉、传统民居、自然村落、城镇与环境、覆土建筑与地下空间、人类居住学、人居环境学、居住方式学、生态植物景观等方面都进行了理论探索，将建筑、人、环境（自然环境、社会环境及人工环境）作为一项整体系统来认识，并运用生态学方法和理论认识其生态属性；建立新的建筑学环境体系，研究如何发展完善人类生存与行为发展的环境，以提高设计质量（图1.1）。

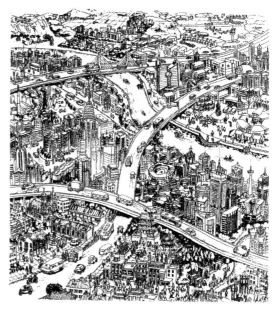

**图 1.1　城市化水平即工业化水平，未来沈阳市城市中心区的设想**

## 二 宏观建筑学——城市设计与规划

把传统建筑学的概念定位为中观环境，建筑学的宏观环境层次则是城市设计与城市规划。建筑、城市都是为了改善和调整人与环境之间的关系而建造的人工环境，都是人类生存与行为的活动场所，所有的建筑活动的根本目的是为人类的生活行为提供必要的人工环境。各种类型的建筑、街区、城镇，是一个庞大的聚居系统，又是构成各种环境层次范围的基本内容。从历史上看，建筑（城市）在技术、功能、构成方式和形象等方面的发展总是与一定历史时期的人与自然和人与社会的关系相适应，受社会经济发展水平的制约和支配。原始社会，生产力水平低下，人类与自然生态是依存关系，人类对自然环境的影响与改造微乎其微。从文字出现到工业革命前的几千年间，人类经历了奴隶制和封建社会。这一历史时期，人类创造了灿烂的社会文化。科学水平、民族传统、地方材料和构造技术等都反映在建筑和城市建设之中。但为了农业的发展和建筑、村镇及城市建设的需要，人类盲目地砍伐、开垦、强化土地使用，导致生态灾难。工业革命使人类社会生产力空前提高，城市化的速度比人口增长速度快好几倍。这一时期环境质量的严重恶化危及了人类的自身利益，人与环境的矛盾对城市与建筑发展提出了挑战。当时的学者、建筑师、规划师曾做过种种设想，反映出人们在新的条件

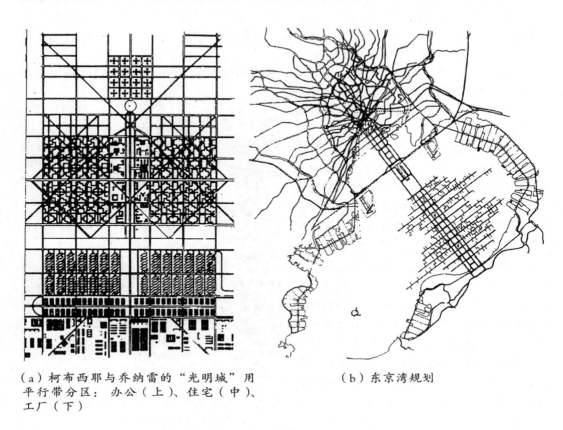

（a）柯布西耶与乔纳雷的"光明城"用平行带分区：办公（上）、住宅（中）、工厂（下）

（b）东京湾规划

**图 1.2 柯布西耶的光明城和丹下健三的东京湾规划**

下对环境问题的重视。如雷恩（Christopher Wren）的伦敦改建；奥斯曼（Georges-Eugene Haussmann）的巴黎改建；霍华德的"花园城"；泰勒提倡的"卫星城"；柯布西耶（Le Corbusier）的"光明城"；赖特（Frank Lloyd Wright）的"广亩城市"和"有机建筑"。1933年建筑师们在《雅典宪章》中提出的城市"四大功能"（居住、工作、休息、交通），不同程度上缓解了大工业城市人与环境的矛盾。20世纪60年代，经济、科技、信息、生活水平进一步提高，20世纪50至70年代建筑革命的主要贡献是把人文环境提到了重要地位，在设计中注重人的特性、心理因素、行为模式等；注重新建筑与原有环境间的关系，出现了"整体设计"思想。1981年国际建筑师联合会通过的《华沙宣言》中关于"建筑学是人类建立生活环境的综合艺术和科学"的认识，为建筑学观念的变迁树立了里程碑，将传统建筑学引入到"环境建筑学"阶段。它强调了环境的整体（自然环境、社会环境及人工环境）同建筑设计的关系，认为"建筑学是对环境特点的理解和洞察的产物"，注重"建筑的地域性"。地域是建筑存在的前提，建筑的"地方性"、"地区性"及"民族性"也就是建筑地域性的表现。强调建筑的地域性反映了人们整体环境意识的形成。建筑师的历史使命就是改善和调整人与环境的相互关系，为人类创造适宜的生活环境。自此,建筑学之外的城市设计与规划被纳入了宏观建筑学（图1.2）。

## 1 整体城市设计

什么是城市设计，学界对此尚无一致的解释。1998年唐山市进行的"整体城市设计"论坛提出整体城市设计是总体规划的延续和深入，城市设计计划的提出自然是以城市总体规划为依据的。城市设计与城市规划之关键性区别在于城市设计是解决城市的实质性空间问题，城市设计中的实质性元素应包括土地使用、动线、人行道、人的支持活动、广场、标志、城市的保护与维护等，并制定城市设计的程度、方法和准则，特别是那些非度量性标准的准则。城市设计还要研究城市设计的执行机制,包括行政的、法令的、财务的、开发策略等,它是从属于建筑学的二级学科。

在现象上，城市的实质性空间是时间重叠的积累，城市的形成是一个历史发展的过程。传统的城市规划中的土地使用预测与真实的土地分布活动经常不相符合，规划的土地以道路为使用边界，真实的生活是以道路为动脉发展延伸，是动态的社会生活环境的具体表现，不是静态的城市规划蓝图和计划所能表达的。

在操作上，城市设计是政治运作与土地经济影响的结果，城市空间的形式也是政治意识形态的产物。例如天津的市中心广场，20世纪50年代时在此修建了一座检阅观礼台，成为政治活动中心。80年代改革开放以后，市场经济代替计划经济成为社会形态的主流，检阅台两侧的政治性标语"领导我们事业的核心力量是中国共产党"和"指导我们事业的理论基础是马克思列宁主义"，一夜之间换成了"海马补肾丸"和"速效救心丸"的商业广告。广场上充斥了各式各样的广告招牌，喷水池旁边还建立了儿童游乐场地，成为市民游憩的场所。90年代在城市引资卖地的大潮中，广场后面的空地被卖给了港商，拟建一座香格里拉大饭店，广场本身会变成酒店前的装饰性停车场地，后来由于资金不到位，政府收回了土地。政府曾征集大量的设计方案，拟建一座精妙的广场，却很难求得一个理想的方案。后由于投资有限，只好暂时铺上绿草，经过大片的绿化之后，却达到了意想不到的美好效果，天津市热闹的城市中心区新生出一片幽美的绿色空间，可以算得上是少有的没有规划师和建筑师设计而出现的优秀广场实例。

在认知上，城市实质性空间是可体验的生活空间。空间的存在是透过人的认知才产生意义的。城市空间中的方向感、认识感、地点认同感可以经由城市建筑的外形、城市空间的形式所产生的可指认特点而形成。当今的许多城市建设的城市空间组成，恰恰是缺乏这种可指认的地域性特色。

城市建筑在城市设计中占据重要角色，在现代建筑运动之前的都市建筑可以表达特定的文化表征，在营建经验的积累过程中可"常中求变"，能在建筑形式中融入文化的恒久特质。例如天津租界时期的建筑可以读解特定历史时期西洋建筑的文化脉络。城市建筑还可以表达城市生活的内容，公共与私用等不同功能的建筑立面有明显的区分，因此城市建筑是围塑城市空间的主要部件。摩登运动以后，建筑在城市中的角色有了重大的转变，城市建筑在形式上由文化象征转变为建筑师个人作品的诠释。20世纪20年代现代主义建筑的国际思潮中，功能主义过分膨胀，形式只是合理化设计的副产品。后现代主义变本加厉地玩弄造型的元素，北京国家大剧院、中央电视台CCTV大楼以奇异的造型取宠就是一例。商业建筑上升为主导的角色，企业建筑竖立了新形象，成为象征城市活动的新价值取向，塑造新企业形象，形成城市中市民可指认的城市新地标，如青岛的海尔、五粮液总部的建筑形象，等等。现代建筑的新观念以及大量汽车的介入，造成传统城市空间的消失，流通空间的新概念促使建筑物成为城市空间中独立的个体，取代了以往被建筑物清晰界定的户外空间组织。在传统历史性城市中，原有的维持城市建筑在城市中角色的有机控制力，在现代化过程中逐渐消失了。一种取而代之的控制工具相对地显得愈加重要，城市设计就是这种有效的工具（图1.3）。城市设计是建筑学学科的发展与延伸。

图1.3　法国建筑师夏邦杰设计的山西太原市新城市中心

## 2　宏观城市设计

把宏观城市设计引入总体规划是比较新的内容。20世纪末，秦皇岛市在修编总体规划的过程中纳入城市设计，有利于总体规划不断的发展与深入。关于城市设计的概念和理论当今还没有统一的定论，总之它是由城市规划和建筑学之内分离出来的，各有不同的着眼点。在总体规划范围内制定城市设计的出发点可有以下几种考虑：①城市经济背景；②工程考虑；③社会意义；④生态处理；⑤设计手法；⑥以城市理念为结论。制定城市设计的理论方向可有以下几种：①以大自然为模式（Natural Models）；②乌托邦的模式（Utopian Models）；③科学和艺术的模式（Models from the Art and Science）。城市设计中的结论可以是：①经济性的结论；②工程性的结论；③社会性的结论；④专业性的结论，只能解决城市的设计问题；⑤正规式的全面结论，把城市设计作为创造经验的核心。

宏观的城市设计有人文环境和自然环境方面的双重取向。

城市设计的人文环境向度：

（1）以城市设计界定城市规划，规划师的作用可进一步影响城市社会生活。

（2）市民参与城市设计，可有功利的取向和倡导性取向两方面。

（3）城市设计相关资料之研究包括文化取向之社会资料，行为取向之研究以及对社区、邻里、公共空间边界的认知。

城市设计的自然环境向度：

（1）环境规划；

（2）自然与人为环境之关系；

（3）气候与空气品质；

（4）直接阳光与太阳能利用；

（5）地质与土壤；

（6）水文与水质；

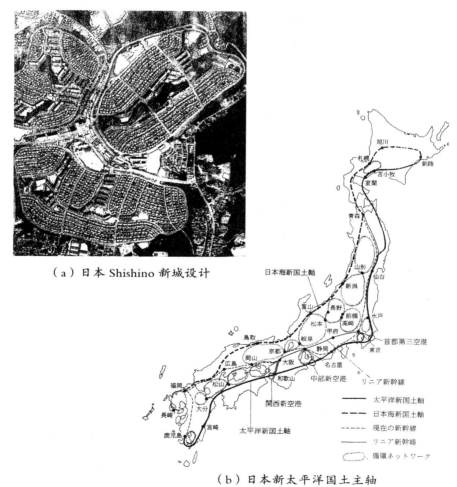

（a）日本 Shishino 新城设计

（b）日本新太平洋国土主轴

**图 1.4　城市设计是建筑学的宏观领域**

（7）都市植物；

（8）都市野生动物；

（9）自然过程。

在建筑学以外的宏观层面上，环境建筑学概括的内容越来越广泛，包括城市群规划、区域规划、大都会规划、城市发展战略研究，如环渤海经济带及京津发展主轴的发展战略研究。把国土资源部制定的土地规划、国家发改委制定的经济发展规划和住建部主管的城市总体规划统筹考虑，称三规合一。日本还有更大的日本国土规划，这些都是和建筑学密切相关的建筑学之外的内容（图 1.4）。

### 3 先锋派建筑师对城市规划概念的新解

城市规划与设计属于建筑设计的宏观范畴，早已被设计师们所接受，很多当代的建筑大师对城市规划提出过许多有创造性的新理念。传统字典对城市规划的理解是指人类聚居、有秩序有组织的生产活动的物理空间，这是社会科学与建筑学认知城市的广义概念。西方世界以工程技术和建筑学主导城市规划已有半个世纪之久，把城市规划作为科学理性的项目的最后 20 年中，人们发现小尺度的城市设计不能解决城市越来越大范围的复杂问题，局部的论述和研究不能解决全局的问题，不肯定论述的局限性会破坏了解全局的希望，如北京圈的设想忽略了京津大都会同城化的复杂问题，等等。

2002 年出版的一本《大城市先锋派建筑学辞典》（*The Megapolis Dictionary of Advanced Architecture*），其中对城市有许多新解。

（1）城市是多功能的混合体（Multifuctional City）。城市综合体是分散的多中心，多功能混合的、分散的区域性城市，如当今流行的生态城市荷兰马斯特里赫新城规划等。

（2）从工艺中心城市到"流体城市"（The Polycentric City to "Liquefaction"）。后工业时代汽车化以后，后资本主义时代的产品模式称流体经济（Liquid Economy），城市发展跟随资金流，使城市体呈多中心化。

（3）工艺化城市到城市复兴（Artefact City to Reverberations of the City）。把工艺化、人工化城市转变为一种大自然中不可知的聚合物。传统城市像是混合的乘合金，由人工化的物质元素构成稠密而坚固的区域，需要建筑师、规划师将社会道德和政治等理论、自然因素注入其中，以改善其人际关系和环境条件。

（4）分门别类的城市（Category City）。由于全球的数字信息化，我们能够建立更多的中心城市和中心空间的抽象分类。分门别类的技术可以让我们恢复一座理想的城市，虽然这种恢复需要时日和等待。

## 三 建筑师在环境设计中的角色

1933 年 8 月，国际现代建筑协会第 4 次会议通过了《雅典宪章》，对建筑学产生了重大影响。其基本精神阐述了城市和它周围区域之间的有机联系，强调要重视城市环境。1977 年 12 月，利马的《马丘比丘宪章》对上述的环境规划原则又有了进一步明确，提出要进行城市和区域关系的规划。城市规划的过程需要包括经济计划、城市规划、城市设计和建筑设计等各个领域，必须在城市规划中对人类的各种需求做出分析和反映；首次提出了城市环境问题，呼吁要控制城市的发展，要采取紧急的措施防止人类环境继续恶化。环境设计概念由此应运而生，环境设计成为建筑师的职责。

环境设计是个宽泛的概念，包括环境建筑学，指城市与建筑环境等人工环境；环境科学，指对大自然环境的研究科学；环境工程，指环境工程设施，如城市的给水排水、供热、污水处理等。

从城市与建筑环境的角度看，环境可被划分为宏观、中观和微观三种环境。规划师、建筑师分别在环境设计中承担各自的角色，如图 1.5 所示。

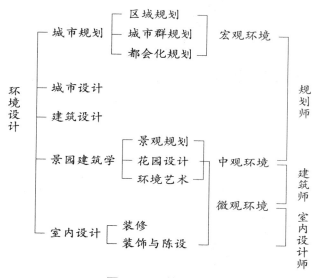

**图 1.5　环境设计**

规划师和建筑师在城市设计领域并没有明确的分工界限，都是设计师，从事各自领域的设计工作。规划师从事宏观环境中的城市规划工作，包括城市设计。建筑师从事中观环境及微观环境中的设计内容，也包括城市设计。因此，城市设计是介于城市规划和建筑设计之间的设计领域。自从 1959 年美国宾夕法尼亚大学首次设立城市设计专业，至今城市设计已经广泛成为规划师和建筑师的工作领域，现实要求建筑师要更加注重城市的整体环境，规划师要更加注重单体建筑设计的细节。

城市设计是介于城市规划和建筑设计之间的领域，城市设计又与城市规划在内容上有一定的区分，城市规划中的城市常用 City Planning，城市设计中的城市常用 Urban Design。City 与 Urban 译成中文都是"城市"，其内涵略有不同：City 指大型重要的城市，往往具有一个城市核心；Urban 也是城市，指与城镇有密切联系的城市，或城市中的一部分或在城市中的城中城，在英国也指过分拥挤的人口聚集区域。

规划和设计也有不同的含义，规划是对未来设想的精心安排，并确定如何去实现；设计则是画出将要建设的建筑图纸，或将要计划发展的城市目标。因此，设计师在城市规划、城市设计、建筑设计中根据不同的项目要求充当不同的角色。

贝聿铭设计的巴黎卢浮宫入口玻璃金字塔体现了现代文明对历史的尊重，最大限度地保护了历史性古建筑，挽救了陷于衰败边缘的卢浮宫，使其重新焕发出昔日的光彩。

新老建筑融合，它既是今日的形象，又恰恰表示出对昨日的回忆。卢浮宫入口设计成功的最大特点是建立了巴黎城市中心凯旋门、卢浮宫与巴黎新城拉德芳斯新大门之间的一条城市主轴，这是建筑大师贝聿铭对巴黎做出的历史性贡献。在天气晴朗时，两门之间隐约可见，成为巴黎城市设计的一大特色（图 1.6）。

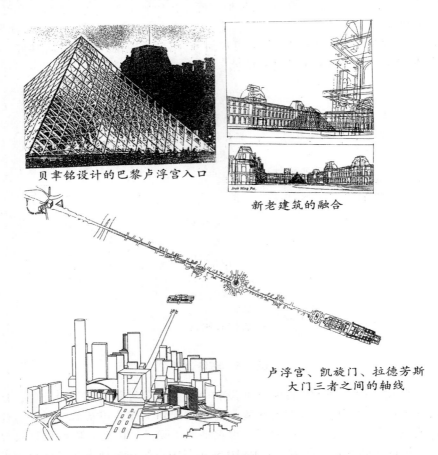

贝聿铭设计的巴黎卢浮宫入口

新老建筑的融合

卢浮宫、凯旋门、拉德芳斯
大门三者之间的轴线

图 1.6　巴黎卢浮宫、凯旋门、拉德芳斯新城大门之间的城市轴线

# 四　微观建筑学——室内设计、家具、陈设和细部装修

建筑学的微观层次领域是室内设计、家具、陈设和细部装修。室内设计包含的内容广泛，有室内装修（Furnishing）、室内装饰与陈设（Decoration and Display）、家具设计（Furniture Design）、实用美术（Fine Art）等内容。

## 1　室内设计

现代室内设计有两种观点。

（1）从来访者的观点出发设计室内。采用流行的商业美学观点设计室内，追求时尚的构图之美，展示珍贵的艺术品陈设，以获取来访者的观赏兴趣，其严格的构图布置甚至不能改动。

（2）从主人的个性与爱好观点出发。取个性化的设计，不用设计师而自己动手完成的乡村住宅中的室内布置就有这种特色。农村家庭中常有的全家的合影照片，结婚时有纪念意义的床篷，炕上妇女手织的活计，贴有"招财进宝"大字的木头箱子，桌案上的香火等生活用品摆设，都说明主人的生活情趣与经历。美国建筑师斯特恩（Robert Stern）的书房壁面上写满了他的日记，成为可以阅读的墙纸，室内设计充分表现主人的个性与情趣。

室内设计的内容是建筑中与人最亲近、最直观的环境感受，室内设计是建筑学之外的组成部分，旨在创造合理、舒适、优美的生活环境。室内设计的内容应包括房间的空间组织，墙面、地面、门窗、顶棚、光和照明、家具灯具、陈设布置、植物、摆设和用具的配置等。室内设计通常受使用材料的性能和加工方法、整体与部件的结合关系、艺术效果等要素的制约。室内设计的艺术性与工艺性要融合，建筑师是工匠，又是工艺美术家，不能仅仅根据公式数据进行设计，也不能如同艺术家那样自由发挥。在建筑学领域中，室内设计指构图、风格、装潢；在室内设计中，建立空间的层次与序列，保持空间层次的多样化，是室内设计的原则，时间和空间的限定是室内环境的尺度。光线是揭示生活的因素之一，又是推动生命活动的一种力量，如光的亮度、照明度，由光照产生的空间阴影效果，等等。色彩与光线同源，色彩与形状，人对色彩的反应，冷与暖，色彩的表现性，对色彩的喜好与心理，对和谐的追求，色调、构成色素等级的诸要素等，都是室内设计中运用光与色的章法（图 1.7）。

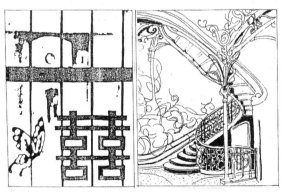
中国民间窗花剪纸工艺　欧洲风格派装饰艺术

**图 1.7　微观建筑学之室内设计**

## 2　陈设和家具

家具与陈设是室内设计的重要内容。虽然现代家具制造业实行大批量生产模式，但某些家具的特殊设计要求和精雕细镂的装饰依然只能靠手工工艺制作，如精致的室内装潢，传统手工生产的古老家具的复制品。由于天然木材富有内在美，它的使用和价值不可能完全被合成材料所取代。

室内的陈设与生活美学和技术美学均有密切的关系，许多零星的生活用品的陈设是美的重要元素。室内室外与大自然的交融能创造感觉至深的环境气氛，苏州民宅中的半隐藏式的花园，屋中有树石，树石中有廊榭，通透的隔扇门窗把室内和室外的陈设连通起来，比摩登主义密斯（Mies）追求的大玻璃风景墙纸以及赖特追求的小窗格划分风景的手法更高明。室内环境的布局、装饰、色彩，墙壁上的挂贴、画幅等，对人的心绪和感情均有影响。日常用品、家具、装饰品、服装等方面与人的接触关系之多，远远超过人与专门艺术品的接触和欣赏。微观环境是最贴近人的环境部分，以明式家具为例，明式椅的明显功能无非是消解疲劳。人的受力点是一个多点的整体，背、椎、大腿、双脚、双手共七个受力点，起到把人的重力分散的效果。明式椅的潜功能是构筑人活动的微环境，不单是休息的主要家具，而且是生活、社交和伦理的，是属于人的情感方面的。作为室外陈设的艺术品，点缀着室外的微观环境。装饰性的门楼、矮墙、影壁、窗花、细小的装饰、铺石的小路、一石一木，都是装扮环境的要素。布置室外环境要创造意境，抒发情趣，满足审美观赏的要求。

中国农村中秋时节缠绕在树干上的金黄的玉米穗，窗台上摆放的大南瓜，悬挂门外的大串火红的辣椒和连串的大蒜，用树皮插制的花盆，用树根制作的花盆架等都是精美的天然材质的陈设意境。这些优美的室内外环境布局并非出自建筑师之手，而是建筑学之外的民间创作。

生活中最美的室内布置应该来自生活中的物件，这些物件能涉及主人所关注的事件，并能引起回忆的故事，唤起人们的联想和怀念，而不是那些时髦的摩登艺术品与植物花卉等时尚的潮流。地震破碎的唐三彩、阳关土城上带回的土块、安第斯山下拾到的印第安人放牧用的石环、澳大利亚威尔逊角的白色沙子……摆在书桌前面，以物寄情，唤起对故事的怀念和联想。由于人们喜欢把他们不愿意忘记的事物保存在周围环境中，装饰学和室内设计才得到广泛的发展。

家具是构成室内环境的主要陈设，要根据室内状况和使用功能，合理设计布置家具。环境科学的发展使人们更加注重家具的整体成效，家具的形式，内涵与环境的协调关系。科学技术的进步使得许多新型家具涌现出来。不论是在会场、旅馆、餐厅等公共设施中，还是在民居住宅中，都能看到造型各异、品种繁多、造型新颖、别具一格的现代家具，其非常流行并深受大众喜爱。在新式摩登家具流行的同时，传统的富有风格特色的家具也备受欢迎，家具的造型、节点和构造的创新层出不穷。

椅子可作为家具的代表，椅子的艺术性是明显的，在日常生活中建筑师都非常关注椅子的创新。一把椅子能让我们看得深、想得远，椅子当中有许多值得我们思索的设计要素，椅子应该是建筑中的"艺术品"。椅子的类型随着材料技术的发展，其功能更加明确，如摇椅、躺椅、轮椅、扶手椅、沙发椅、转椅、吊椅、浮椅、水椅等，形式多种多样。自然界万物的形态，给设计师很多启发。现代椅子设计出现了许多流派，但20世纪20年代包豪斯设计的把功能与材料分离的瓦西里椅，仍沿用至今，深受欢迎。

1939年钢结构建筑大师密斯设计的西班牙巴塞罗那德国展览厅一鸣惊人，其中的巴塞罗那椅用两组X形平片铬板加十字形钢腿组成。连接处少而简单，椅上绷以网状皮条，再放上皮面枕垫，简单的部件和贵重的材料如同他设计的西格拉姆大厦（Seagram Building）那样精确而高贵。1929年出现的巴塞罗那椅以其坚固和形式成为永恒的时代家具的代表，至今仍广为流传于全世界（图1.8）。

家具的风格

巴塞罗那椅

图1.8 家具的风格和巴塞罗那椅

## 3 环境标志和细部装修

城市中的标志物，是建筑学之外直接和人的联想相关的设计，是设计师表达空间性质极为有用的手段。在环境设计中把标志物运用得当，能提供一种精神隐喻的力量。用标志设计做概括性的说明比明白的告示具有更强的简明性。标志不是随意的符号，而是要陈述某种特定的意义，设计完美的标志形象如同无形的声音，比告示更明确易懂，在环境中有重要的景观功能，也是美化环境的要素。

街道上的城市地标、有特色的景观标志物具有象征意义且构成视觉的焦点。纽约的城市地标"红苹果"，造型简单，形象突出。纽约市的别名就是"红苹果"，巨大的红色苹果下面的标语是"欢迎来到纽约"，这个环境小品设计通俗易懂又引人注目。快餐店各类小吃摊点是城市中重要的休闲设施和餐饮环境，美国街头上的"热狗"售货摊亭，外观设计成面包夹香肠的造型更能吸引顾客。德国柏林街头的售货小亭和慕尼黑的新潮服装小商店，在街道上构成美的装饰物，同时又表现了自身解构主义艺术新潮奇特的破碎化之美，代表了环境设计的新思潮。然而没有建筑师设计的自然生成的环境艺术品更具吸引力，招牌是挂在门前作为标志的牌子，在繁华的香港铜锣湾大街上，商铺林立、五光十色、耀眼夺目的商标招牌，十分引人注目。我国东北地区公路旁的饭店招牌称"幌子"，以纯色条带制作，随风飘动，以数量表示饭店规格等级，这是传统特色，是民间俗成的招牌形式，比 2000 年悉尼奥运会专门设计的标志牌更具魅力（图 1.9、图 1.10）。

纽约的城市地标"红苹果"

美国"热狗"售货摊亭

上：柏林街头售货亭
下：慕尼黑的新潮服装店

**图 1.9　地标、城市环境标志物**

　　建筑细部观赏的核心主题是对观赏对象的了解、感觉、认知、感情、经验、趣味、观点，等等。观赏者要调动过去的印象积累，以丰富、完善观赏对象的形象。观赏细部有时是无意和不自觉产生的，而有意想象则是自觉展开的想象，在人为的环境中要创造出可供观赏的细部，而许多现代建筑却缺少这种细部。摩登运动曾经全力反对装饰，提出"少即是多"，"装饰就是罪恶"，形成了一个时期冷冰冰的方盒子国际式建筑风格。

东北地区公路旁的饭店招牌——幌子

香港铜锣湾

2000 年悉尼奥运会的告示

**图 1.10  民间俗成和环境设计的广告招牌**

后期摩登主义则针锋相对地提出"少是厌烦,多才是多",带来了装饰繁多的"欧陆风"大回潮。

　　线脚是建筑上的装饰,建筑上不同部位的线脚既有掩饰缝隙缺点的功能作用,又是建筑美化的装饰。同时建筑的线脚还能代表一定的含义,诉说建筑所要表达的语言。例如佛教建筑上的仰莲和俯莲花饰; 西洋古典建筑的回纹边饰和卷草枝叶; 中国台基的石刻线脚; 西洋古典柱式与之配套的线脚; 英国维多利亚花边式的线脚等。建筑线脚还包括室内装修和家具上的各种风格的线脚。

　　节点即建筑细部中的关节点,在细部大样设计中至关重要。当我们观赏一座建筑时要注意它的节点设计是否巧妙、精细、惹人喜爱。有的设计只是使用简单粗俗的商品化成品,无节点细部设计可言,说明设计者对所完成建筑设计的理解有高低之分。鉴赏节点设计之精美与拙劣需要具备较高的建筑艺术素养,同样一片玻璃栏板,一条大理石的转角拼缝，一件门环，一件灯伞，踢脚板，挂镜线……在建筑师手中却可表现出不同的技术和艺术水平。

# 五 建筑设计中的极少主义环境观

"极少主义"（Minimalism）或"简约主义"源自美国 20 世纪六七十年代的艺术思潮。当时抽象主义使艺术创作变成了艺术家宣泄个人情绪的工具，夸张与扭曲一时成了时尚和主流。极少主义正是冲着这股潮流而生的抗衡力量。极少主义主张作者与作品完全分离，作品应是独立存在的形式，是纯为创作而创作的艺术品。极少主义的实质是对环境的直接感知，它恢复了建筑在环境中自身独立存在的价值，放弃了任何表现自我的意愿，只用简单的、抽象的几何形体，依靠材料自身的质感、色彩以及诚实的细部节点，使人置身其间产生与环境相关的体验。

在环境设计中的极少主义并不是字面上的含义，而是表述存在于物理空间环境中最少的装置式的作品。现代环境艺术观念已由 20 世纪初期各种"空间观念的实验"，发展成为现代艺术的"装置艺术"，极少主义作品强调具有特征的环境化表现，强调以"装置"手法求表现。人们在空间的移动中观赏艺术品，艺术品实实在在的表现力有时可能不在于"展览"而在于包括整体环境中的一个"装置"，人可以在这个"装置"中体验艺术效果。因此对建筑师来说，表现其作品与外围环境的关系，比作品本身更重要。因此他们把密斯原来着眼于建筑空间的极少转化为建筑落位与环境之间的最紧密的关系。作品要与环境对话，作品生根于环境地景脉络之中，是当今的极少主义思潮的体现。极少主义建筑师的作品就像是以"极少主义"的原则落位于周围的环境之中的一个装置，从而达到"少即是多"的环境观赏深度。环境极少主义寻求作品与周围环境之间的一个内外兼顾的边界，让观者在外围的关系中可见作品像一件艺术装置那样恰当的落位。进入作品之中又能见到装置内部与外围环境的关联。从内到外，从外到内，从内外两种方位观察建筑，使之成为环境中一件得体的艺术装置。建筑由边界的限定而处于内外关系之中，内外同时并存，互相交融。

艺术家梅尔（James Meyer）说："原始的雕塑即极少主义的作品，那时人们都试图以单一的或重复的几何形式发展其与周围环境的关系来取胜。"据此论点，极少主义艺术品的基本精神是以几何体形与周围环境之间创造其内外逻辑关系而达到完整的统一。因此，极少主义是设计内部逻辑体系中的最少，而不是形式的最少。建筑中的极少主义是表述环境与极少的形式逻辑体系之间的关系。例如日本建筑师前田纪贞（Norisada Maeda）设计的 V 号住宅，可以从中解读其极少的形式逻辑体系。在 V 住宅的设计边界上，布置了一个框架，成为边界上的装置，框架的立体边界框住了视野，表述建筑与外围环境的关系。无论从内向外，还是从外向内观察，建筑都是在环境中落位的。框架的边界与墙的形式限定住宅的庭院，在室内和室外之间形成一处内锁的空间，并形成了多样化的空间形态。设计表现了单一装置的简约形式体系。

现代极少主义的艺术中常常排除情感与直觉方面的判断，建筑作品只跟随环境落位，坚持忠于环境的形式逻辑判断，决策作品的落位，例如使用边界框架与周围环境之间形成的对话关系。日本的 V 号住宅的外部布局处理，是根据两个布局原则决策的。第一个逻辑是根据水平方向的视线以及内部向外观察的框架边界布局落位。第二个逻辑是两个两边侧面的边角处的布局模式围绕着转角折叠，其构成是简约的。这两项布局原则就自然生成了各个方向的立面形式。Ⅴ号住宅位于居住区中，占用一块地段的半块用地，另一半用地是公共停车场，南面有6 m宽的道路，北和东是开敞的，适合作为空廊框架。地段各边均有各自的环境条件，建筑与外界的关系需要不同的环境处理。由于这种环境关系的落位，形成一个边界的框架，在地段的边界，这个框架照顾到每边外围不同的环境关系。南面采用封闭的墙；北面有车及行人通过；东面把框架按行人视线的高度开放，框架的两面限定一个开放的庭院，框架也服务于由内向外的视野，在庭院之中形成亲密的空间。

　　极少主义环境观的作品通常以框架围合，创造内外环境的对话关系，把建筑作品视为一件落位于环境之中的装置艺术品（图1.11）。这种创作思路是从环境景观出发的创新环境设计概念。

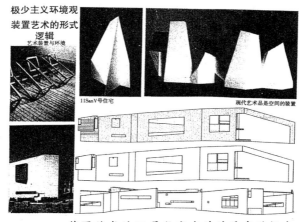

装置艺术的Ⅴ号住宅内外关系中的极少

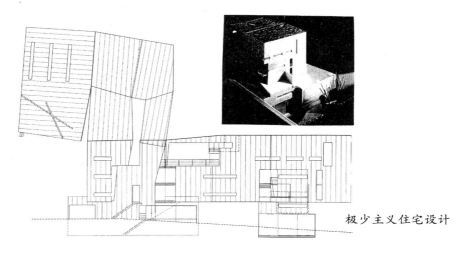

极少主义住宅设计

**图1.11　以环境为主导的极少主义住宅设计**

# 六　环境情结，心由境生——由房间、空间到环境

　　环境空间是由人的感知而存在的，一把伞、一面墙、地坪高差，甚至投下的一束光，都可以给人以不同的空间感受，使人感觉到空间的客观存在。人的感觉总是因各种因素的作用而有微妙的差别，这种差别导致空间的含义发生变化。设计中通过某种方式引发人的不同感受，使人置身其中产生不同的情绪，或轻松活泼，或庄严凝重，或高雅严谨，或朴素古拙，使环境空间有了生命力，形式有了情感的导向性。人或居或行于不同情感色彩的空间序列之中，可感受到富有节奏的变化，有时是含蓄的，有时是直白的，如人有不同个性。建筑以空间转变，给人以不同的感受，如同其他的艺术门类，建筑空间的限定与情感的塑造也是通过多种手法来实现的，如重复、对比、韵律等，其中空间"气质"的差别，更能凸显环境的特征。

　　认知环境和个人空间有密切的关系，传统建筑学只注重人与人们之间的空间关系，社会生活是立足于同他人的接触与交流，而且人们之间经常有接近和疏远的现象。个人空间适合于关系密切的友人间的谈话，公共性距离则适合于表演或讲演时所用的空间。然而由于公害的产生，人们对环境的认识加深了，由面对空间设计转向了环境设计，环境设计取代了空间设计。环境建筑学的诞生原因，一是对环境危机的探索，二是对环境的接近与回避，三是环境的压力和人的欲望。在这三组环境与行为的关系中，探讨与行为相关联的环境性质，并从适应或顺应环境的观点来探讨行为与环境的关系，即是环境建筑学（图 1.12）。

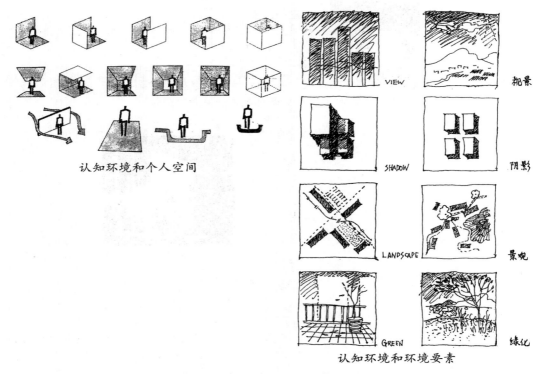

认知环境和个人空间

VIEW　视景
SHADOW　阴影
LANDSCAPE　景观
GREEN　绿化

认知环境和环境要素

**图 1.12　认知环境的个人空间和环境要素**

所谓"心由境生"和"境由心生",以及传统的"有我之境"和"无我之境"的审美心态,都是将客观景象远离其自然原形,由主体人反复品味。四个人一间的宿舍,在每个人的眼中其面积都极为有限,每一个人都渴望能在这有限的公共空间中,营建属于自己的一片天地,因为我们需要属于自己的情感空间。于是你会看到不同的宿舍出现不同的格局,空间均按照个人的情感与行为要求划分开来,形形色色,人们按照自己的性情与爱好将属于自己的空间环境处理得有声有色,别有一番意思。

"古树老井"是一位建筑师童年就种下的怀古之情,乡村老庙和银杏树下的古井,有了建筑才领悟到"天人真的可以合一"那种境界,那种心灵的超脱与宁静会影响着设计风格,使建筑师对禅境或者"天人合一"的境界有着异常的喜爱和追求。另一位童年生活在有着丰富层次院落空间"大宅门"里面的建筑师,那种生活的真实与宅院给他的愉悦感,赋予了他较为特别的心怀,他很喜欢做有院落的建筑设计,他对那种亲切宜人的院落空间有着特别的情怀和感受。然而现在的孩子生活在拥挤的大城市里,内心深处还有没有类似的环境情结呢?如今我们的环境设计到底给人们带来什么?不禁要问,我们设计的环境到底应该给人们以什么样的精神享受?

现代建筑学由传统的房间设计、空间观念发展为环境建筑学,包括人工环境和自然环境两方面,现代环境艺术的表现手法丰富多样,又和许多建筑学之外的学科相关,其构成因素较之过去有了巨大的变化。

# 第二章　大地网络建筑学

　　运用网络空间技术设计方法可以增强空间的适应性变化的能力，使之更符合空间的动态设计原则，可便捷地联系多种空间功能，满足人性化的需求。因此当今流行的无准则的城市与建筑设计的表现方法无不采用多媒体网络技术，网络空间格网化成为现代地景设计的重要特征，特别是寻求运动变化中的格网技巧。设计师从地图的格网中寻求网络空间，这被称为"大地网络建筑学"。

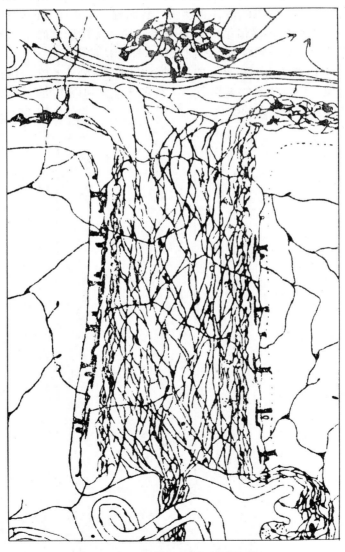

**图 2.1　大自然中的网络韵律**

网络空间的探索对城市与建筑设计的功能实效有催化作用，传统的功能概念基本上局限于建筑某时段上的自身基本功能，这使得建筑成为一种自我服务的封闭系统。然而城市与建筑设计的真正目标是人的生活，生活是动态的，功能只是城市建筑与生活之间的一种可能的关系。在城市中，建筑是城市社会生活的物化形式，城市生活的多样性、多元化及其内在联系决定了功能单元之间的必然联系，网络空间是显示这种联系的手段。

网络自身已经失去了作为"工具形态"的意义，进而演变成为普遍的"生活形态"而无处不在。"无需远行，无需等待"的生活观念正使人们对传统的空间概念的理解渐渐模糊，时间的意义也在不断消解。网络中的人们对于前进与回归尽在掌握，一种不知不觉的心理模糊了空间和时间的界限，虚拟着人们赖以生存的真实世界的一切。这种数字化的生存方式使人们在不知不觉之中获得了宽松和开放的心境。然而，这种以信息和信息链接作为主体的空间形态在让我们回归到空间本质的同时，却在大量地失去真实空间之中包含的人性之美和境界之美（图 2.1）。

# 一　重构大地

大地是人类行以安在、得以延续的最重要因素，如果设计的建筑形式与地形地势有互动关系，则用设计手法强化地形地貌的特征，可从中感受大自然的力量。当代的大地艺术作品，如撒哈拉沙漠中堆砌的乱石成为雕塑作品一样，地表上的生态体系与地形结合，形成基地个性，这些个性表现土地地貌的外观，称之为景观。

地面是连续性的，地面的形态由现状地形所决定。虽然现代机械很容易改造地形重构大地，但在改造中也会错失良机，破坏美好的自然地景。大地可以划分为有相似特征的区域，并能把不同的区域连接为整体，大部分建设基地具有可利用的地貌或其地域特性。平坦或无特色之基地可重构成为更自由更复杂的地景形态。当在大地上布置建筑时，不论是否沿等高线，都要注重人工物与地形起伏之间的视觉关系。建筑的基地与地面融洽相接，自然等高线不受很大的扰动是最省力的布局方式。在陡峭的山区中，土地利用、排水、建筑与地形的协调均有困难，可让建筑或道路的轴线直接嵌入地中。有时建筑物正面需要阶梯状造型处理，有时需要突显地形结构的坡度，如美国旧金山的街道，虽然不太顺应地形等高线，但也有迷人的景观效果。

大地表面是一切生命体最活跃的地带，有时根据地形的情况与地段的特征就可决定某些设施物是否合适，建筑物的配置、视觉与造型都与地形有关，必须使设计物与地形配合。通常由地面水的流动可大致看出地形组织的纹理，首先要确定山脊及山谷线的位置。大地上的各种活动及经营都与地形的坡度有关，坡度分为陡、适中、平坦三种等级，4% 以下为平坦，4%—10% 为缓坡，超过 10% 为很陡。地形愈陡，其土壤就愈不易透水，流水不易被吸收，很快流走，容易造成土壤侵蚀，地下水减少，以及引发洪水。在潮湿地区，坡度超过 50% 或 60% 时需加护坡，或整地成小台地方式。不同土壤的安息角不同，湿松黏土为 30%，紧压干黏土可达 100%。地形的另外一个特征是其视觉造型，设计应考虑土地上的全部内容，像植物、气象等因素。

坡地上的种植要有连续性，从各个视点都能看到。在自然形态中，山脚下的高树，山顶上的小树会使人感觉混乱。高耸建筑应取高处地形，低矮的房子可依偎在山谷之内，长条的建筑可退缩成阶梯式。新基地开发应与旧环境相调和，或故意突显其独特性。要完全模仿大自然的地形是困难的，但重构大地有其土地造型的潜能（图 2.2）。

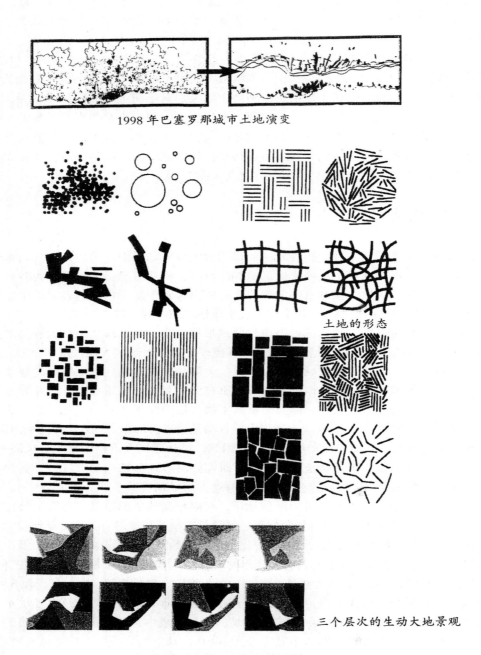

1998 年巴塞罗那城市土地演变

土地的形态

三个层次的生动大地景观

图 2.2　重构大地之大地上的形态变化

## 二 城市空间网络的特征

在城市规划中运用地理信息系统和网格技术来规划土地和布局城市结构，取代了传统平面图形构图，顺应了城市的自然地理地貌，使城市空间自然生成。这种方法是在地图上的空间网络移植，把自然地形上的物件移植到可见的地图上进行分析研究。在移植的过程中包括许多微观层面上的图形构成，每个组合体图形可表现多种不同的暂时性活动。在地图上可以分析现状的社会活动情况，地域内的物理环境脉络，公共性场地的环境条件，规划领域内的相关因素，河流等大自然中的变动因素，用以确定划分合适的领域范围，划分项目合适的场地落位，地段设计的领域边界，分阶段开发秩序等建造网络图形中的各单项规划落位。例如柏林某地区的城市土地分析，利用网络技术在现状地形中找出有关设计的土地的现状痕迹，用几何形移植法表现土地上发生过的事件，用不同的色彩表现不同时间地点发生的事件（图 2.3）。例如，根据 8 月 20 日 15 点、4 月 14 日 12 点 45 分、12 月 20 日 9 点 45 分以及夜晚和白天的情景等，可分别做出自然空间中的表现图景。又如最大量的河水，最小量的河水，主要道路，技术性土地需求的范围，主要场所所在位置（还包括土地上公众活动的情况），土地利用和布局结构在图中均清晰可见，一切不明显的细节如街、树等亦清晰可见。

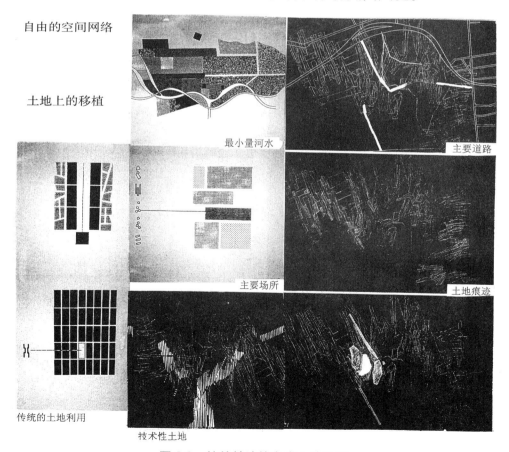

图 2.3　柏林某地的合成土地分析

运用遥感探测，采用全色底片，可拍到可见光和一些不可见的紫外光和红外光。红外光对分辨植物种类、侦测植物病体、判识地表温度或热排放相当有利。遥感探测系统与一般摄影不同，线条扫描仪可以计数电磁波，利用设定之频率，感受地表任何微小物体的反射。这些计数电磁波可以记录在磁带，也可以利用电脑分析或再次复印成影像。当这些影像组合起来，加以假色，即构成清楚的影像，能判认所领的区域，虽无法立体透视，但均是连续扫描构成的影像。

旁测雷达是遥感探测的另一项技术，以其本身放出电波，收回触及地面之反射波，可在夜间或穿透云层侦测地面回波的方向、时间和强度（因地表物的地点及表面情况而异）。

设计轴线的控制方法是建筑师频繁使用的设计方法，它在城市规划、建筑设计、景观设计中往往能够起到统领全盘的作用。轴线的运用也需要多种手法的结合才能发挥其魅力。在现代网络地景设计中，轴线与中心的运用已经不那么重要了。

现代大城市中心区的交通网是十分繁杂的结构系统，我们通常所说的结构含义只是整体结构系统中的某一部分，多种结构网络交叉的高层建筑也是如此（图2.4）。

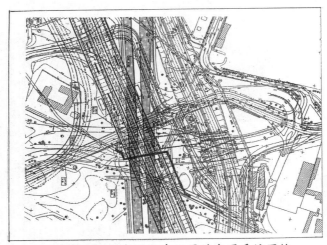

1996 年法国里尔国际中心区的交通系统网络

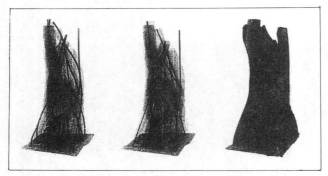

2001 年纽约 Max Protech 展厅的结构系统网络

**图 2.4　大城市中心区交通系统网络和高层建筑的结构系统网络体系**

# 三 地形建筑

20 世纪 90 年代国际建筑界的新趋势之一是发展地形建筑艺术（Land-Form Architecture），其设计思路来自地理学（Geography）和拓扑学（Topology）的结合。建筑界对大地的起伏与沉积等地形的几何形态和生成过程加以模仿，让建筑回归自然、融入大地；或是将建筑作为地景中地形生成的一部分；或是借鉴自然地形的某些形态，与当地环境融为一体。拓扑学有地志学的含义，最初是与研究地形地貌相类似的科学，在形态探索方面地志学和拓扑学相关，在建筑形态中寻求如地形般的连续变化的面或形体。

## 1 地形建筑的形态特征

建筑根植于大地，历史上大地从来都是建筑的一个"基面"，建筑形态呈现在这个基面上，传统建筑设计常常视建筑与大地为两个异体。现代主义建筑大师柯布西耶曾

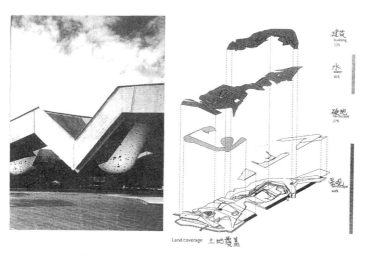

图 2.5 地形建筑之上海巨人集团总部

强调将建筑底层架空，把建筑从大地上游离出来。中国古典园林则把建筑和大地视为同一整体，以人工方式模拟自然。地形建筑则进一步将人工与自然紧密结合，地形建筑借鉴大地艺术，通过重构大地的手法，将建筑与大地结合，在更深的层次上探讨建筑与大地的关系。地形建筑利用屋顶、墙面、地面的相互转化，通过起伏、折叠、流动等手法形成与地形的同构形态，具有界面延续、尺度模糊、屋顶可达等特征。

（1）界面延续。表现为与周围环境的连续性，大地与建筑相互渗透、组合，建筑的起伏与地形地貌连接成一体。

（2）尺度模糊。建筑向水平方向发展，层数的概念消失。

（3）屋顶可达。屋顶与地面连成一个整体，屋顶成为城市中难得的绿色开放空间。

2006年墨菲西斯建筑事务所（Morphosis Architects）设计的上海巨人集团总部园区的商业办公建筑，于2010年建成（图2.5），包括展览厅、会议室、会堂、图书馆、健身房、旅馆、俱乐部和游泳池，占地32 000 m²，建筑面积23 995 m²，钢筋混凝土结构，屋顶绿化。土地覆盖建筑占13%，水体占16%，硬景地占27%，景观绿地约占44%。

## 2 地形建筑的设计策略

（1）嵌入大地

地下或半地下建筑，开发埋入地下的空间，强调"嵌入"这一人工化的印记。美国建筑师保罗（Paul Preissner）曾任艾森曼建筑师事务所的设计师，他设计的韩国京畿道（Gyeonggi-do Jeongok）史前博物馆获二等奖。作品结合地形，向外部台地自由延伸，自由纤维形态的建筑体量，自然地展现在大地上。体形既有剧烈的变化，又有自然柔和的表面材料，建筑好像自然地进入土地之中。设计目标是建成一处韩国的历史文化场所和教育展示中心，不仅有方便的使用功能，也将成为大众学习史前文化的展示中心。有与外界开放联系的展览空间，所有的展室均流线划分，可连续参观展览。建筑的构架顺应流线隐含在建筑之中，人们在每个位置上都能感受到空间流线的连续性。考虑到加强历史展品的天然光照度，在结构上布置了采光缝（图2.6）。

日本地中艺术博物馆共两层，地下一层建成于2006年，钢筋混凝土结构。地中艺术博物馆是日本钉在大地上的博物馆群体建筑之一，近处还有水、风、石博物馆，表现人居于天地之间。由土中生长出来的结构，像山体又像是躺在大地上的女人侧脸，设计构思源于一张古画，画的是闪光的铜塑佛像，仰卧在土盒之中（图2.7）。博物馆处于明眩的光线交织的诗一般的境界之中，博物馆像是祈拜合拢的双手，又像附近山村女孩戴的帽子。上部为黑色和银色的钢结构，与附近的微红暗色的石头艺术博物馆的色彩相呼应。

大地中的建筑

大地中的史前博物馆

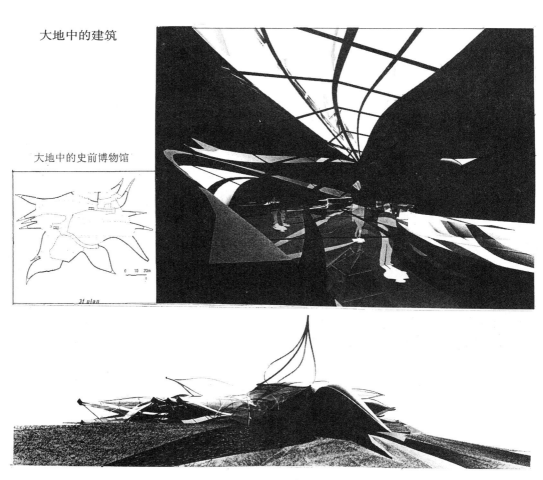

图 2.6　大地中的史前博物馆

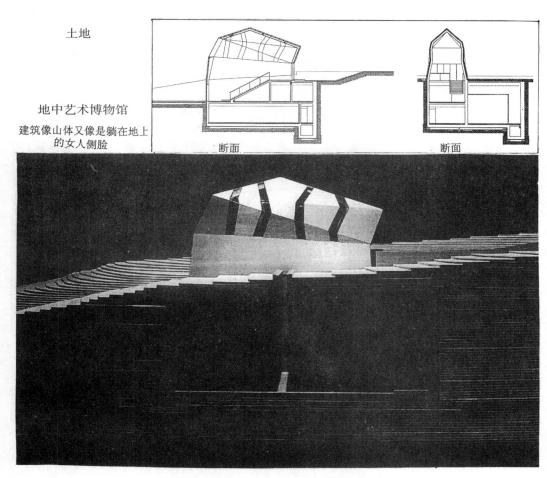

土地

地中艺术博物馆

建筑像山体又像是躺在地上
的女人侧脸

断面　　　　　　断面

图2.7　嵌入地下的地中艺术博物馆

（2）重构地表

通过对大地的掀开、隆起、翻折、褶皱等方式重构地表，使地面和建筑的顶面两者互换形成连续可达的空间。"掀开"是利用不同的地形高差梳理交通，形成眼睛样的立面，既可连接水面和地面的交通，又活跃了场地。"隆起"是建筑的顶端与地面相连，中间高起，形成起伏表面的地形，整体形态呈现地面向上部隆起，建筑像是从地面生长出来的一样。"翻折"是将地面向上翻折，使墙面和上层的楼板、地面、屋顶连成一个连续的曲面，创造充满连续性的流动感的空间。"褶皱"在建筑中没有绝对意义，地面、墙面、屋顶三者相互连接、穿插、交汇，形成一个统一的整体。

韩国2006年建成的一座教堂的外貌就是依地面隆起处理的，法国的索姆河战役纪念墓地访客中心的地景设计就是按掀开重构大地处理的（图2.8）。设计把历史纪念性与地理地形特征充分结合，建筑结合地形地势像是建在孤独的战壕之中，纪念大厅空透的玻璃，像眼睛似的有广阔的视野，室外长排的大树围绕着墓地，远方有耙犁过的农地。这栋建筑表现了人们对历史环境的尊敬与怀念，金属、玻璃和砖石的对比，使室内外空间有扩大和安逸之感。以"大战"时期长长的战壕遗址对比隐藏的建筑艺术作品，形成强烈的地形性特征。

历史性城市中的教堂

索姆河战役纪念墓地访客中心

图 2.8　历史性城市中的教堂和纪念墓地访客中心

旅馆

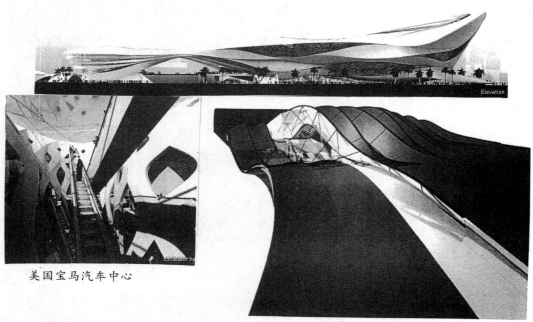

美国宝马汽车中心

丹麦水生生物馆

德国慕尼黑宝马汽车中心

**图 2.9　建筑和环境的相互转化**

（3）建筑和环境的相互转化

地形建筑中的巨构形式往往与地形景观形成统一的整体，丰富的建筑肌理和地形地势与其所在的环境密切相联，建筑形态与周围环境形成了相互转化与互动。

美国的宝马汽车中心和 2001 年建成的德国慕尼黑宝马汽车中心以及丹麦的水生生物馆都是波动、连续、变化着的建筑造型和环境互为转化的作品（图 2.9）。

## 3　模拟地形，操作大地

地形建筑从建筑与土地的关系入手进行设计构思，受到现象学和后结构主义理论的影响。模拟地形地貌设计建筑，以自然环境外在的形态出发，采用与自然环境相似的形态，隐藏建筑自身来形成建筑与自然的和谐，设计顺从地形地貌，通过模拟自然地形的造景形式，体会其符号化空间的作用。2010 年上海世博会阿联酋展馆就模拟了沙漠中起伏的沙丘。

三个人工山形的房子（取山体形态有雕塑感的精神）

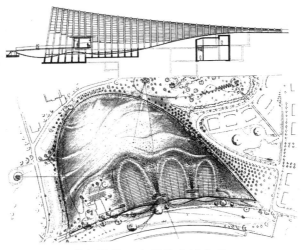

瑞士保罗·克利美术博物馆

**图 2.10　模拟地形，操作大地之保罗·克利美术博物馆**

保罗·克利（Paul Klee）美术博物馆建在瑞士的伯尔尼（Bern），由伦佐·皮亚诺（Renzo Piano）设计（图2.10）。保罗·克利原是德国包豪斯艺术学院的美术教师，后随密斯移居美国。馆址选在以阿尔卑斯山为背景的丘陵地，设计把建筑融入大地之地理环境之中。建筑模拟山体的形态，与不远处的山体没有边界，以三个人工山形的房子展示克利的绘画。三个曲面山丘状的建筑屋面，从地面微微凸起，曲面由不同直径的圆弧连续地渐变而成，采用老式船体大跨度钢结构。

## 4　地理学和拓扑学的综合运用

艾森曼在加利西亚文化城的设计中，运用地理学和拓扑学的综合手法，将地形的编码引入设计，将多重信息叠加到地貌网格中形成空间的变形。自然形象通过计算机的编码成为设计元素，设计开始于一系列地形网格重绘的叠加，即中世纪圣地亚哥的街道网络、抽象的笛卡儿网格和投射为三度的原有山地的拓扑面，建筑作为自然地形的有机生成物（图2.11a）。在文化城的设计中，总平面在三维的网格叠加不再是平面的

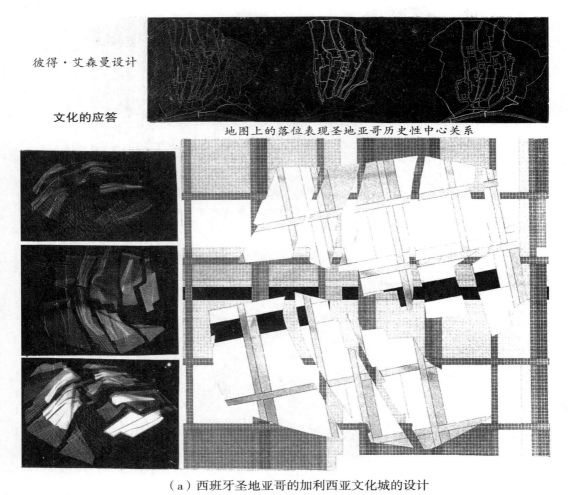

彼得·艾森曼设计

文化的应答

地图上的落位表现圣地亚哥历史性中心关系

（a）西班牙圣地亚哥的加利西亚文化城的设计

图2.11　地理学和拓扑学的综合运用

简单竖向重复，而是创造了一系列竖向错位，形成了崭新的维度。在连续流动中，关于表面和空间流动的拓扑几何学不再区分点、线、面。每一个建筑的外壳都体现了这些原始格网组织的规律和造型。除了必要的体积和位置安排，每一个建筑中的各项功能与外壳没有联系。文化城的建筑分为三部分，有博物馆和国际艺术中心，音乐中心和表演艺术中心，图书馆和档案馆（图2.11b）。

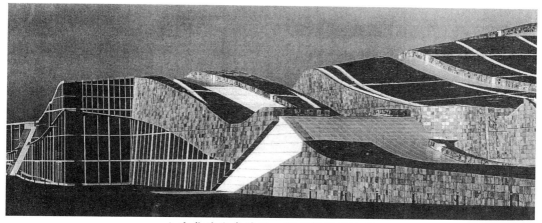

山丘式的曲线屋面，顺应起伏的地形

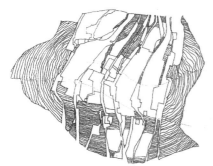

文化城落位草图

档案馆与图书馆之间弯曲的人行道

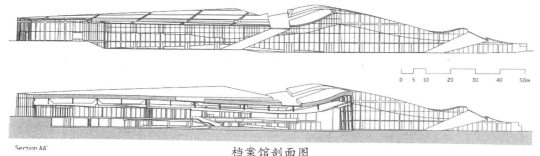

档案馆剖面图

（b）西班牙加利西亚文化城及档案馆

**图2.11 地理学和拓扑学的综合运用**

# 四 没有建筑的建筑空间

中国黄土高原上的窑洞民居寓于大自然之中，幽静的窑洞村镇，给人以粗犷、淳朴、豪放之感。整个村镇衬以高原景色，那长满绿色青苔的朴素的黄土，给人以天然美的感受。窑洞民居反映了建筑与自然、建筑与传统的关系。窑洞民居表现出许多形式特征，如它的地下空间的构成、它的由上而下布局流线的组成、它的视觉特征、它的光影明暗对比、它的乡土风格和朴素的细部装修等。窑洞民居的艺术创造，就是人对自然的一种改变，是在大自然的基础上建立的另一种环境。窑洞民居艺术把黄土高原上直观的美，通过人的建筑活动再编织到大自然之中。自然与窑洞民居的关系，可以说是人们从自然中得到启示，又在自然环境中再现了建筑与大地的关系。

窑洞民居以人为的环境不超越自然的原则为特征，如同中国传统绘画艺术表现的"虚"的意境。中国传统山水画中所描绘的风景建筑，都是寓于大自然之中的，与自然环境和谐。中国古代建筑落位讲究的"阴阳风水"是环境建筑学尊重自然、崇尚自然的学说，这种讲究"虚实平衡"的哲学思想在传统的中国建筑、园林、绘画等艺术中都有体现。传统建筑中运用的山石、树木、天井空间等，都象征着大自然，建筑则分布于自然界之中。窑洞民居是直接组织在大自然中的穴居形式，充分体现了中国传统哲学思想。

中国的窑洞民居着重空间的处理，以墙和建筑围合成室外的庭院，以四壁和屋顶围合成室内空间。空间这个"虚"的部分与实相对，正是人生活活动的部分。窑洞民居从大地中直接开拓使用，从而构成天然的居住院落和洞穴，而且顺应自然地形地势，创造出由上至下有层次的没有建筑的建筑空间序列。

夯打的泥土边界，土坯组砌的几何图案，富有质感与色彩变化的石料和屋顶，掩映于绿树之中优美动人。如河南巩县一些村庄的下沉式窑居，四面土体中的窑洞和面向中央天井式的庭院。当进入这些乡村时，人们第一眼看到的只是从地坑庭院中冒出地面的树冠。传统的地下窑洞组合，保持了北方四合院的格局，有正房、厢房、厨房、贮存粮食的仓库、饮水井、渗水井以及饲养牲畜的棚栏，在自然环境中形成一个舒适的地下庭院。地下空间体现了功能与材料的统一，是没有建筑的建筑空间，表现了人工与自然的结合，窑洞受环境和自然条件的支配，人工建筑融于自然之中。窑洞民居不是建筑而是建筑空间（图2.12）。

美国建筑师沙利文（Thomas Sullivan）在密苏里州设想的未来地下建筑的样式以圆球形的空间寓于山坡地之中，也是没有建筑的建筑空间。

山地建筑除考虑山地交通、建筑朝向、建筑形态、景观以外，其接地形式也多种多样，可采用钻、台、坡、退、爬、错、吊、架和挑等设计手法，以减少改造地形的程度，减少土石方量，保护土地的原生态自然环境。卧于山势之中，在大地上造势，创造没有建筑的建筑空间，顺应山地地形地貌的网络，这时建筑好像是隐含于山体之中，这是大地网络建筑学遵循的方向（图2.13）。

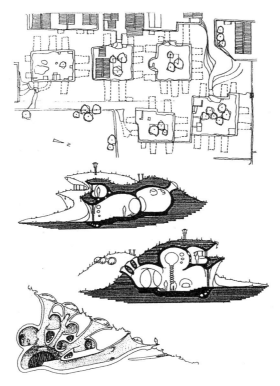

**图 2.12　中国陇东黄土高原的宅院布局和山坡土中的球形空间**

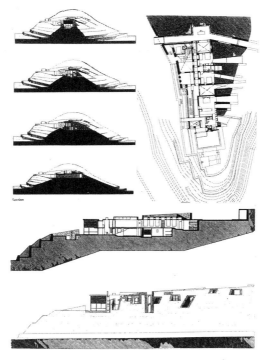

**图 2.13　卧于山势中的住宅设计**

# 五　共生、网络、生态

2006 年日本建筑大师黑川纪章所作的"河南焦作市山水园林城市总体概念性规划"展现了他的城市共生理论。规划提出自然和城市共生，人和其他物种共生，历史和未来共生，城市和农业共生，经济和文化共生。他根据焦作河川自然形成的一个手指状布局和横向的三条生态走廊，把大自然和城市密切融为一体，使之成为人和生物圈的生态可持续发展的基础。其生态与水系环境规划别具特色，将太行山森林生态系统和黄河水域生态系统相结合，保护周边地域成为多样化的生态系统，使城市居民与自然风景和生物共生。地区的生态系统计划将太行山脉作为保护各种猛禽类的场所。猛禽的主要饵食为小型鸟类、哺乳类、两栖类、爬虫类。由于小型生物生息场所各有不同，因此规划需要合理地配置各种绿地和水域。孤立的生息地具有不稳定性，生态走廊的设计方案消除了孤立生息地的弊端。

城市地域生态体系，利用穿过城市街区的河川和边缘地，构筑生态走廊中的水道和绿道网络。各生态走廊使小型哺乳类、鸟类、两栖类、爬虫类、昆虫类可以生息。第二环生态走廊向城市街区提供生物的供给场所，同时向猛禽提供饵食场所。将混凝土护岸还原到靠近自然的水边，使河边林木、人工池等为鱼类、水生昆虫、两栖类、鸟类创造良好的环境。当生态走廊因公路、铁路而被中断时，为确保走廊的连续，应设立生物专用桥和隧洞。对松鼠等树林中移动动物设立生态桥，对野兔等地上移动动物设箱形管道、隧道。

高新区生态系统规划以湖泊、水路吸引黄河生息的水鸟，在水边和水面上整备水鸟的饲食、休息场所和水边的生态协调区，如湿地、浮岛等。为便于大型水鸟起飞，规划中设计了确保充分助跑距离的开放水面。陆地生态园中有中高树木层，50m 宽的保护林床，有树林、草地、水路、水池，使昆虫、鸟类、小型哺乳类种类多样化。园中备有生物观察、基地管理中心场所，可以增强市民的环保意识和参与环保的积极性。为便于人们观赏野生动物，规划中需预留一定的"逃避距离"，鹭类 100m，鸭子类 80m。为增加游人与生物亲近的机会，设置观察壁、观察小屋等。

人工湖、龟岛周边规划包括整备水生生物避难的水边生态协调区，有小鱼的浅水环礁湖以及与环礁湖配套设置的供水鸟觅食、休息的月牙状沙砾地，还有供游人观赏水生植物和蜻蜓等水生昆虫的水边生态园。芦苇等水生植物具有一定的净化水质的功能，为保护鱼类，需要考虑湖水的净化，避免生活污水流入。

为确保水的恒定流量，有防止地下浸透的措施，保证稳定的水源和河水净化，另外还有亲水性的河流防坡堤设置。地下水库以截水壁拦截地下水，在地层下进行地下水的蓄水。黑川的方案在当时是规划设计顺从大自然的超前设想（图 2.14）。

1960 年黑川纪章的日本农村都市计划图中，所谓的"新陈代谢"是一种集落的总体结构——人们所共有的一种意识（图 2.15）。他试图用建筑记录自然界中转瞬即逝的各种形态，集落最大限度地诱发了场所的潜力。农村计划设想农业大地上的建筑网络散布在农地网络之中，这种构想与 1960 年中国"大跃进"时期河北省安国县的公社规划有相似之处。

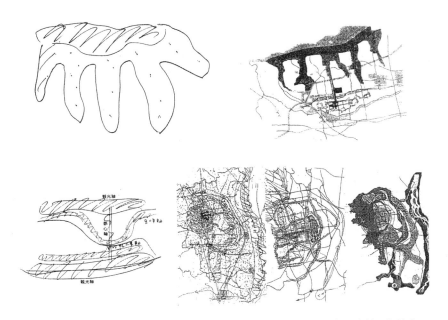

图 2.14 黑川纪章 2006 年所作河南焦作手指平面生态规划概念构想

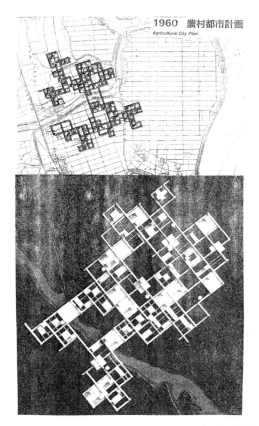

图 2.15 黑川纪章 1960 年的农村都市计划

# 第三章 建筑有生命——生态建筑学

　　城市生态学、生态建筑学提出了解救地球村生态危机的许多对策，那就是生态的可持续发展方针（Ecological Sustainable Development），把城市建设纳入人与生物圈的协同发展的生态系统，使建筑学的基本概念发生了深刻的变化，由建筑主导环境演变到建筑与环境的和谐与交融，再到由自然环境主导建筑、自然环境优先于人工环境。城市与建筑必须从属于自然生态和人文生态的可持续发展原则。生态工程面对设计生态工艺体系包括：食物链串联工艺；共生网络工艺；时空生态位的重叠以及生态恢复。建筑生态工程包括：物质、能量的循环利用；太阳能、风能等自然能源的直接利用；太阳能的间接利用；生物能的循环；立体种植；持续农业；室内外生物能循环设计；建筑生态功能综合体。多样性的人类居住功能单元，顺从自然环境的建筑设计（图 3.1）。

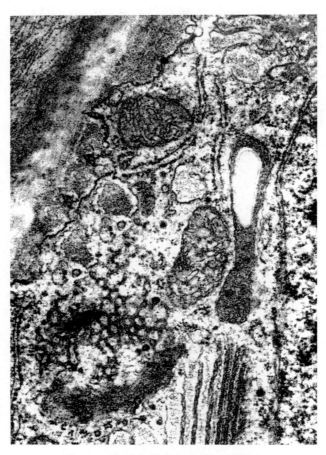

**图 3.1　大地上的人与自然环境共生**

# 一 生物学与建筑学

生物学是自然科学之一，建筑学具有综合性和规划性的特点。当建筑学与其他新知识领域建立联系时，传统的规划设计方法便不能满足新的功能要求而必须有所转变。然而当今的建筑师们对生物界专家们的现代综合性学科思想还缺乏了解，也没有建立起对生物学科领域足够的合作思想。因此生物学与建筑学这一新领域中的新词汇应得到该有的认知和理解。

生物学与建筑学的关系需要认真地理清和分析，这是当前现实与实践所急需的。环境问题比以前任何时候都更为紧迫，事实上，环境问题原本是生物学中的重要问题。

建筑学对生物学的借鉴范围比较繁杂，包括从物种进化到分子生物，从有机形态到合成机制，从生物多样性到谱系分析，涵盖了生长与突变、基因与组织、选择与适应以及运动等许多方面，甚至建筑与人体间作为相互感应的神经学原理也在研究之列。数字技术对有机体组织的模拟研究也被引入空间的生成与控制，许多研究实验室的一系列作品探索了由生物机制启发而产生的有机空间。

日本建筑师渡边诚借用生物进化的理论提出了"诱导城市"的概念，他通过编制特定的计算机程序，对环境要素加以回应，让计算机自动生成合乎要求的形态，诱导建筑形式的产生（图3.2）。地铁大江户线饭田桥站就是"诱导城市"的一个实践。

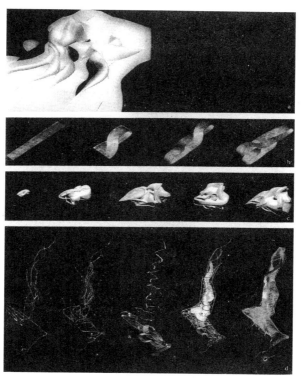

**图 3.2　生物学与建筑学之遗传因子的形式**

注：a. 1997—2000 年法国南特美术馆展出的"视觉机器"；
b. 虚拟住宅；c. 相互作用者；d. 荷兰的海滩塔楼设计。

# 1 城市是生命的有机体

城市生态学的最基本观点是把城市视为生长变化中的有机生态系统，其能量流和物质流处于衍生变化之中。区别于自然生态系统的是，城市具有人的社会性，随着城市社会经济的成长与变迁，可以引发城市实质环境的改变。由于城市的有机生命体与非实质系统的互动转变，衍生出城市中的种种问题，但现今的城市规划已走出自身的道路，关注了另一种动态的、有机的活力与生命。现今经常修订城市计划内容的做法是值得肯定的，城市规划发展变化中的问题多元复杂且层面甚广，有些问题并非制定城市规划就能解决。将城市发展的政策与土地政策相配合，确立法规，再修订相关的法令，完善管理的功能，最终达到促进城市健全的发展、提升生活环境的品质、增进市民的福利等目的，这就是所谓的倡导性规划，把城市看作生命有机体。

生态城市是苏联城市生态学家扬尼特斯基（Yanitsky）于 1987 年提出的一种理想城市模式。他认为生态城市是一种理想的人居栖境。生态城市是按生态学原理建立的人类聚居地，其社会、经济、自然协调发展，物质、能量、信息高效利用，生态进入良性循环，是一种高效、和谐的人类栖境。生态城市中的"生态"，指的是人与自然、社会的协调关系，"城市"指的是一个自组织、自调节的共生系统。美国生态学家瑞吉斯特（Richard Register）认为"生态城市"是生态方面健康的城市，寻求的是人与自然的健康。1990 年，戈登（David Gordon）在加拿大出版了《绿色城市》一书，探讨城市空

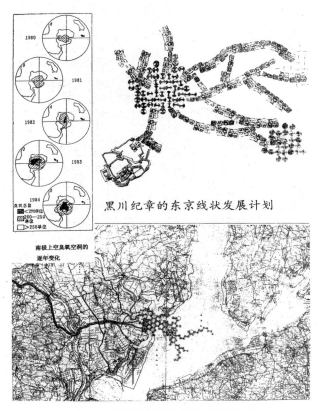

图 3.3　黑川纪章的新陈代谢城市

间的生态化途径，他认为生态城市是生物材料与文化资源以和谐的关系相互联系，自养自立，生态平衡。关于生态城市，国内外众说纷纭，至今未有完整确切的定义，我们可以认为生态城市是一种思想，是贯彻生态学原理的城市。其首先应当是绿色城市，生态城市的本质是追求人与自然的和谐，实现人类社会的可持续发展。

1961 年日本建筑师黑川纪章的新陈代谢建筑观对城市的新陈代谢理论做了许多设想（图 3.3）。扬尼特斯基将生态城市的设计与实施分成三种知识层次和五种行动阶段，即时—空层次、社会—功能层次、文化层次，以及基础研究阶段、应用研究阶段、设计规划阶段、建设实施阶段、有机组织结构形成的阶段。城市设计工作在生态城市的建设中担负着重要任务。

## 2 建筑有生命

在建筑空间中更侧重于个人情绪上的一种感受，从个人的理解角度出发，可解释为某特定时间情绪的宣泄，包括某种特定气氛围合而成的心理空间，以非物质形态存在。建筑空间都是为营造情感服务的，像卧室、厨房、客厅、卫生间，都被赋予了不同的感觉。大型建筑空间的情感气氛中，又囊括了许多小空间的感受。建筑师的能耐就体现在这一系列空间序列的组织能力上。正因为建筑是由情感空间构成的，所以建筑才是有生命的。情感空间无处不在，同时情感效应又错综复杂，因此生活才变得丰富多彩。

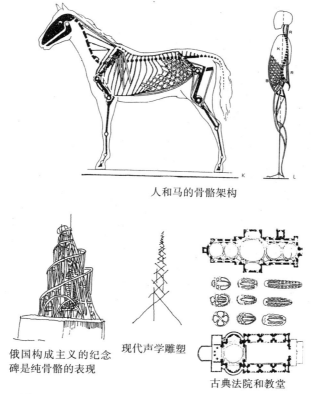

人和马的骨骼架构

俄国构成主义的纪念碑是纯骨骼的表现

现代声学雕塑

古典法院和教堂

**图 3.4　人体技术的概念，很适合建筑的组合关系**

摩登运动时代,建筑师最大的失误是对生物学的无知和困惑。当今许多建筑师所热衷的规划设计模式有的甚至比生物学家所承认的"生物化"具有更多的内容,这是由于建筑师与生物学家合作时间还不太久,也说明建筑学与生物学的联合尚需一个过程。建筑师不仅要把生物学理论在建筑设计中实施,而且要使得建筑走向生物学化。在生物学和建筑学的广阔领域中,其重要的联结点是形式、结构和发展程序中的成长。在动物与人的生物与技术的生存空间总和中,均带有多种行为模式或某一种行为模式的生物学特征。所有人体的感性器官都由胞体结构所组成,图3.4为一个男人骨骼的架构和马的骨骼架构。马腹由肌肉的伸张杠杆而可以活动,这也表现了人类身体的安排(腰腹之间的 R = 背部肌肉组织,B = 下腰部肌肉组织,K = 胸)。人体技术的概念,很适合建筑的组合关系。

雷登特教堂(Redentore)的古典法院建筑和内勒斯海姆(Neresheim)隐修院教堂平面都是"环节"的组合,可看作接受了一系列生物学相似部分的思想。"环节"如细胞分裂的方式,是由生物体系进化的假想出现的复杂的平面形式,在这种伸长的细胞环节结构中,增加一部分数量,不是很难的技术问题,因为这种建筑概念的模式只是以固定的墙的环节形式为基础。俄国构成主义的螺旋形纪念碑则是纯骨骼的表现。

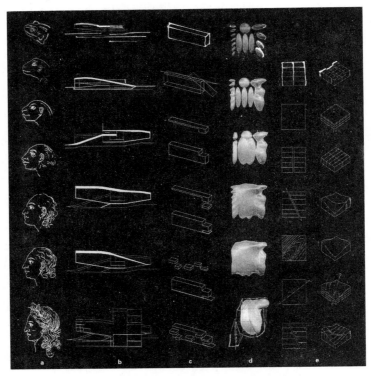

**图3.5 建筑是有生命的,在转变中生存**

注:a. 由青蛙转变为阿波罗;b. 观众厅和会议中心的比较变化;c. 1997年 MVRDV 设计的阿姆斯特丹住宅的演变;d. 1995年纽约 SOHO 的艺术家展厅空间演变;e. 1999年阿姆斯特丹的10种私人住宅。

生物学与建筑学之间的对话，在我们的时代具有了真正的意义。虽然生物学与建筑学的合作程度尚不全面，但至少生物学家和建筑师在进一步的解说中可以交换语汇。

自然世界中非有机的形式，如石头的微分子，山脉和星座等都被定义为僵硬的外界图形。在人类活动的形式世界中，包括技术与艺术的形式领域，现今都快速地发展。只有那些可知的生物学形式与人类的建筑模式密切相关，所有可见的生物形式，无论是植物的还是动物的，从局部可见其全体，建筑界只对生物界有选择的研究。

建筑的演变和发展与生物形态的演变和发展在形式上有相似之处，如图3.5所示。

## 3  环境设计中的生态理论

在环境设计中运用生态学的原理应把握以下要点：①生态的多样性、复杂性、动态性，决定了环境的层次多样性、差异性、动态性。②生态的特质表现在自律、调和、均衡的系统运行过程中。③生态的演替表现出动力学机制，存在着生态位势、生态场和生态力的作用。④生态的均衡有其适宜度，在适宜度内能自我调节。自然—空间—人类生态体系的建立注重大环境在时间和空间布局上的效应，强调生态的作用及各因素的共创性、参与性。生态体系内有四种效应：组合效应、梯度效应、力场效应、极化效应。未来生态的人居环境体现着人与自然、人与空间、人与文化及自然与文化多层的协调关系。

生态建筑学对人和建筑环境并重。在人工生态系统中，自然环境和社会环境构成了人与建筑环境存在与发展的生态系统。其中，完善的自然生态环境不但是人工生态系统发展的物质基础，而且自然生态系统的平衡规律又为维持人工生态系统的稳定与平衡提供了条件。同时，优美的自然景观又是一种"文化资源"，具有生理的、心理的和审美等多种社会价值，是建筑环境"人工美"离不开的。自然环境这种"双重价值"，构成生态建筑环境的重要因素。因此，生态建筑学所要研究的基本内容是运用生态学的原理和方法，协调人、建筑与自然环境间的关系，体现人、建筑环境与自然生态在"功能"方面的和谐，即人工美与自然美的结合。

社会环境因素对生态建筑环境在功能和形态等方面的影响很大，生态建筑环境设计必须考虑经济、技术、美学和人文等方面的要求以及传统文化与风俗习惯的影响，表现建筑的社会文化内涵。人、建筑和社会环境诸要素之间也存在着平衡关系，社会进步意味着社会环境变迁，必然推动建筑环境的变化和发展，这都离不开特定的时代和文化。生态建筑学的发展也需要生态美学的同步发展，评价生态建筑环境的形象美则是生态美学的新课题。

人工生态系统的主体是人，建立对人有利的平衡是有关生态平衡理论和实践的重要问题。生态建筑学的研究就是要运用生态规律协调人、建筑、自然环境和社会环境的相互关系，使生态建筑环境达到"全能"的目标。

## 二 皮与骨有机生态建筑

生态建筑的基本观念是把一座建筑看作有机的生命体，建筑的进步就如同生物有机体的进化一样，其进步与发展的程序取决于有机生物躯体内部各部分组合之间适度的协同作用。生态建筑中皮与骨的关系，可以从许多方面来探讨，如医学、生物学、仿生学、艺术、设计、建筑学、土木工程、节能与轻型结构，等等。了解新时代生态建筑皮与骨的关系，对建筑学的未来发展有重要的实践意义。皮与骨的设计理念贯穿于建筑艺术与结构设计之中，它可以是纯骨架的表现，例如金属网架的椅子、塔塔林设计的构成主义的铁架纪念碑；也可以是皮与骨结合的表现，如纽约自由女神像的表皮与内部的骨架的关系，双头尖的印第安人木般的骨架与外形关系等。

把建筑比作生物的有机体，它的品质应该包括特殊的构成要素：

骨骼——承受力的体系；

皮肤——外盖，房屋是人的皮肤、衣服以外的第三层表皮皮肤；

有机体——新陈代谢废物排除的循环及支撑系统；

皮与骨建筑的内部协调以及不同的组合学说，是建筑进化与发展的结果，生物结构的进化，需要一步一步长时间的发展，然而像承载力的膜结构等轻型结构体系那样的生态结构技术，只用了几年时间便在20世纪末得到了长足的发展。有机体的发展进化同步程序决定于内部的骨（支撑结构）与皮（包裹层）之间同步的合作适应的组合。因此选择有机体的"皮与骨"作为主题来表明建筑结构设计中的各种依存组合关系。

"皮与骨"是全新的生态建筑设计理念，现代生态建筑工程技术改变了传统建筑学的概念，从局部到全局，由骨及表，从皮与骨结构系统内在的要求出发去适应外部的环境条件，可由里及表，或由外到内。建筑的表皮是有感知的，皮是有机生命体与周围环境的基本边界，生物的外表面决定着生物组群的不同属性。建筑的表皮也应像生命体那样做成有感知的设计，以保护内部的生活空间，建筑是人的第三层表皮，如同皮肤、衣服、房屋。人是非常完美的生物，需要关注爱护其基本生活条件，衣服、掩避体、住宅是他们的外皮。

皮与骨的再生说明旧建筑的改造和重新利用，德国埃森（Essen）最后的矿区关税同盟（Zollverein）关闭于1986年，其内部被改造成为一座闻名的博物馆，这是传统建筑现代化皮与骨再生的范例。美国密西西比河入海口城市新奥尔良沿河有许多废旧的仓库和码头，也已更新了内部，外表保持原来的旧貌，内部改造成为现代化的办公建筑和餐饮商场。有的建筑立面的充满自然光感的大跨度空间结构变成有感应的建筑表皮，大面积玻璃立面不单是室内外视觉隐形感受的边界，也应做成有感应的表皮，透过玻璃可传递能量、信息、太阳能，主要取决于外部的条件和内部使用的需求。导光孔的应用，为开发地下空间提供了技术，所以高生态即高科技。

当重建建筑骨骼系统时会发现，全部骨骼系统的个别部分的功能可能会影响生命体的其他部位。因此，生命体皮与骨之间的内部联系及其功能，决定了有机体的物理表象，由此转变了传统土木工程师与建筑师考虑设计的程序（图3.6）。

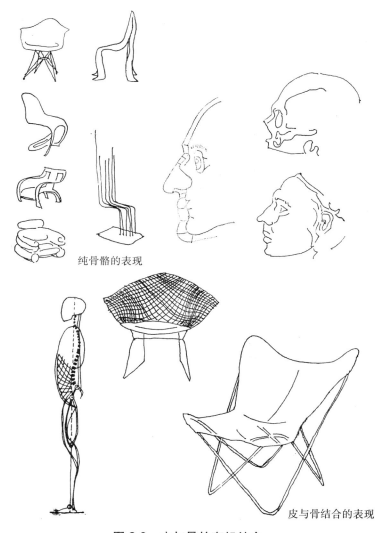

纯骨骼的表现

皮与骨结合的表现

**图 3.6　皮与骨的有机结合**

# 三　建筑表皮的感知

　　动物的外部表面以表皮包裹着有机生命体并保持它，以抵抗外界环境的侵犯，因此，皮肤是有机生命体外围环境的基本边界。不同的动物组群有不同的表皮，如壳质外皮的、脊椎的、角蛋白的和弹力素的，有的还有反化学的保持作用，能反映外界热量或机械力的影响，同时它们会在水与气的变化中复杂化。由于生物表皮集成一定数量的神经末端，皮肤成为一种能够感知、表述外界环境的表面。建筑的表皮也应像有机生命体那样做成有感知的设计，以保护内部的生活空间。

　　当代建筑表皮的觉醒始于信息化浪潮，计算机技术在建筑形态方面的推动力使传统的表皮与空间、表皮与功能、表皮与结构之间的关系发生了改变。表皮不再仅是空间的围护物，也参与到空间的生成之中。当代建筑形态往往是通过对表皮的操作实现的，无论是折叠、卷曲、分形，空间的变形都是经由表皮的变化而得到。结构与表皮的合一更使得表皮、空间、结构三元体系变成了以表皮为主体的二元结构。表皮的连续变换使内外空间的区分趋于消失，空间具有流动性、可塑性和动感。计算机技术对实现复杂表皮提供了前所未有的可能性。

表皮重要性的提升带来了建筑的表皮化。后工业时代，建筑的表现重点与现代主义时期不同。让·努维尔指出建筑上对图像和符号的价值发掘已经超越了对形体和空间的追求，表皮作为充满符号和形象的载体其重要性空前提升。许多建筑师的作品里，构成的表现已转向对表层的表现，构成的建筑正在走向表层的建筑。

## 1 表皮图像化

表皮的图像化是读图时代的产物，图像是这个时代表达概念、传递信息的最佳媒介。科学、时尚、艺术、文化，各个领域的图像都可以贴附在建筑表皮上，建筑将图像作为组成表皮的建筑材料来使用。

日本建筑师伊东丰雄（Toyo Ito）设计的东京表参道（Omotesando）商业大楼面对大街，高七层，总建筑面积 2 550 m²，一、二层为零售商业，三、四、五层为办公室，六层为灵活使用的多功能空间，七层为餐厅、会议室和屋顶花园（图 3.7）。大楼是一座有创意的现代思潮的前沿作品，强调 21 世纪现代主义的特征，是以动感视觉为构思的创意。平面为 L 形，6 个方向的立面中最重要的外貌特征是与临街一排天然大树的侧影交相呼应，9 棵大树的侧影与混凝土结构的玻璃建筑立面遥相呼应。以一棵榉树轮廓多次重复叠合的图案为母题，运用几何的方法折叠成立方体，从而将树的形态连续转折地包裹到建筑上。为了突出生动的侧影质感的动感视觉，不用通常的混凝土结构与玻璃的连接方法，把窗户设在玻璃的后面。表参道大街上的玻璃立面以镜面光影反映树枝形的混凝土结构，入口处嵌入式的玻璃水晶体使天然光流入建筑。

意大利佛罗伦萨 DEX 展示中心以树形图案的金属网表皮与周围的大自然景观对话。

伊东丰雄设计的
东京表参道商业大楼

立面的树，大树光影，商业楼
和融入自然的金属网树形立面

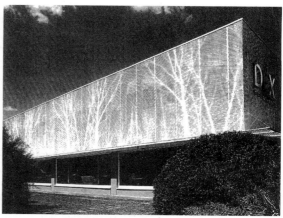

意大利佛罗伦萨 DEX 展示中心

图 3.7　表皮图像化

## 2 表皮的复杂化与生成

追求复杂性是当代建筑的一个显著的特点：一种方法是造型和空间的复杂，另外一种方法就是表皮的复杂化，可产生丰富变换的视觉感受。而这两种建筑的复杂性还有一个有趣的特点，那就是复杂的空间往往会施以简洁的表面，而复杂的表皮常常赋予简单的形体，这正是当代建筑追求的极简与极繁。表皮的复杂性来自于复杂图案、复杂概念和随机形式。

日本建筑师伊东丰雄的作品标新立异，远比那些形式重复的建筑更能引起社会的广泛关注。2000 年建成的伦敦肯辛顿花园中的蛇形画廊（Serpentine Gallery），以线形的网络组合的各个立面和屋顶，构成抢眼的视觉动感空间。伊东丰雄在作品中探讨了复杂概念形成建筑表皮的分形图案，这是因为分形图案所具有的分数维度和自相似性提供了复杂的视觉感受，也提供了跨越尺度的韵律感，在内部形成斑驳的复杂光影。随机元素一般由计算机生成的图案所构成，随机元素在建筑表面给人一种不确定的繁杂感受。

彼得·艾森曼设计的史代坦艺术与科学中心在海港航站的平台上，空间构成简单，体形单一，但外表复杂化，体形简单效果多变（图 3.8）。

建筑表皮由单纯的表面转化为塑造空间的手段，这种转变使表皮的设计成为一个生成化的过程。表皮生成通过几何化的操作（折叠、多面体）来实现，或者借助计算机的程序自发涌现。

## 3 表皮的媒介化

"媒介即信息"，在建筑表皮的媒介化中，即建筑表皮中的图像化并不注重其图像本身的价值与意义，而是注重表皮材料作为媒介所传达出的美学意义。在当代建筑师的手中，媒

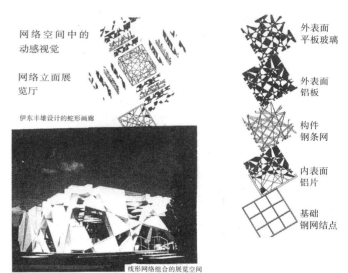

网络空间中的动感视觉

网络立面展览厅

伊东丰雄设计的蛇形画廊

线形网络组合的展览空间

外表面平板玻璃

外表面铝板

构件钢条网

内表面铝片

基础钢网结点

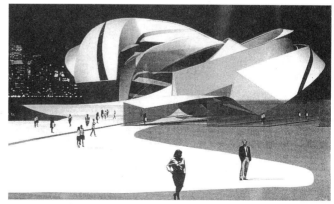

彼得·艾森曼设计的史代坦艺术与科学中心

**图 3.8　建筑表皮复杂化与生成**

介成为表皮的材料，而表皮成为媒介的载体。高清电子屏幕、虚拟现实装置、视觉图像、文字符号都可能作为一种特殊的"建筑材料"而成为表皮构思的源泉，所形成的独特表皮信息景观将改变建筑与环境的相互关系。城市和建筑也是拟像和仿真环境中的一个环节，表现出媒体化和符号化。当代有一部分建筑师习惯于以媒体的方式来表达建筑，常见的是将电子影像投影到建筑内外表面，建筑表皮作为媒体的界面，由物质转向信息。

## 4　表皮的非物质化与透明

信息社会也称非物质社会，大众媒介、远程通信、电子技术服务和其他消费者信息的普及，是建筑表皮非物质化的基础。信息具有非物质性，因此表皮的媒介化也是非物质化的一种特征。建筑表皮的非物质化体现为表面材料的透明、轻质、软化，表皮形态的轻盈、漂浮、弱化等特征。空间之间的透明度把时间纳入其中，并且使内外界限消失。建筑中的透明度是反层次的、反古典的，它代表了现代科学和技术能提供的可能性，开辟了个人和社会、个人和自然的空间得以和谐的途径。

空间感受的含蓄性使空间设计不张扬，有含蓄性的品味是模糊空间中的一种享受。人的审美活动更多的是感性活动，人的情感时喜时悲，有时又往往是复杂的，而建筑创作中表现的情感应该是含蓄的。艺术家和设计师必须为欣赏者提供具有含蓄性的表现力，才能使作者与欣赏者紧密相联。建筑处理切忌一目了然，"超透明"是包含透明和不透明两种状态的第三种状态。超透明是现象透明和感觉透明的综合体验，"超透明"将非传统材料如水雾作为建筑材料，透明程度的感受也将随着体验方式而变化。

瑞士的湖滨喷雾景观平台主要的建筑材料就是湖水，建筑形态则是变幻的水雾（图3.9）。湖中通过31 500个高压喷嘴喷出水雾，经过人工智能气候控制系统形成巨大的云雾态，不定型，外部不确定，形成虚幻的造型。内部则是无形式的模糊与混沌空间。从远远的湖岸望去，它好像一团不透明的浓雾，但随着栈桥走近它乃至进入它，人们则被半透明和透明感所包围。这座平台挑战了建筑空间的真实性与确定性观念。

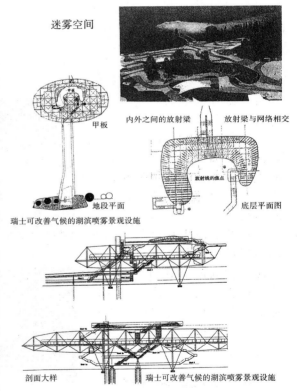

迷雾空间

内外之间的放射梁　放射梁与网络相交

放射线的焦点

甲板

地段平面

底层平面图

瑞士可改善气候的湖滨喷雾景观设施

剖面大样　瑞士可改善气候的湖滨喷雾景观设施

**图3.9　瑞士气候效应的湖滨喷雾观景平台**

## 5　表皮轻质、编织化

建筑表皮对轻质的追求来源于"临时性"。伊东丰雄将当代建筑比喻为铝制的易拉罐，其含义是指当代城市建筑的不恒久、易变性、临时性和可随时变更（抛弃）。在这种观念下，人们开始追求一种界限模糊、体量轻盈以及漂浮朦胧的精神体验，用材料软与轻的属性来表达形体的柔软与轻盈，表达漂浮的、流动的、无重量感。

表皮的编织化是指用线性材料交叉组织的制作过程。编织方法在编织业最为普遍，自然界中也有生物形成的网状表面（图3.10）。传统建筑领域中网状编织的方法常常体现在结构体系中，当今网络社会的网状组织结构与编织的网格体系相契合，反映了信息时代的轻质透明的美学观。编织作为表面组织手法介入到建筑表皮和空间的塑造中，编织手法的多样性会产生全新的建筑外观形式。

编织表皮的常见表现形式是"网"，使用丰富的工业产品作为建筑材料。金属网线编织的网孔已经超出了建筑的装饰元素，而成为一种结构性的元素。编织表皮表现出优美的肌理及节点的韵律，表皮的外观韵律主要源自同类材料，以同类结构形式的大量重复，既实现了整体的统一感，又具有细腻感的肌理美。"节"是编织的基本模式，同样也是表皮的基本构造，编织的韵律带来丰富的光影，为空间塑造出戏剧性的效果。

纽约世贸大厦重建竞赛中坂茂领导的设计小组提出的"Think"方案，其设计理念是"静默而静默"，螺旋状上升的编织格构双塔体现了简洁和轻灵，简洁的双螺旋框架中悬浮着云状的空间，作为世界文化中心，相应的文化设施可随需要在不同时期填充到格构中（图3.11）。在编织的表皮中，简单与复杂、秩序与混杂、动态与变化，融合于一体。

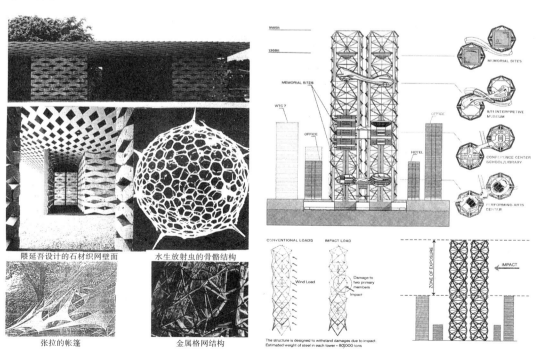

| 隈延吾设计的石材织网壁面 | 水生放射虫的骨骼结构 |
| 张拉的帐篷 | 金属格网结构 |

**图3.10　表皮材料轻质、编织化**　　　**图3.11　纽约世贸中心"Think"方案**

## 6　表皮的深度化、材料异质化

当代的建筑表皮是将表皮看作具有三维深度的由表及里展现建筑的元素。表皮的深度化有两种含义：一是表皮本身的三维空间性，二是建筑表皮四维连续造成的立面剖面化。表皮自身的深度特征源自当代建筑表皮与功能空间对应性的消失，使表皮可以脱离建筑内部空间而自我表现。表皮在三维空间形成的光影和韵律成为建筑外观效果的核心。

立面剖面化的建筑表皮往往是透明玻璃，趋于消失的表皮是为了将表皮后的剖面化构成表现出来。立面剖面化强调的是建筑表皮的"截面"特征而不是围护面的特征，颠覆了传统意义上对建筑表皮的完整性和连续性的理解。在视觉上弱化了建筑表皮作为建筑的一个构件的特点，但却为建筑表皮的表达提供了更多的手法。

表皮的材料异质化指建筑表皮作为建筑表现的主体，在材料的选择上展现了多元化的趋势。许多新型材料、非传统建筑材料如液态甚至气态物质，也被组织到建筑表皮之中，如瑞士的模糊建筑（水雾表面）。另外，工业产品、科技产品乃至日常用品也成为建筑表皮的组成元素。采用这些材料的建筑表皮像艺术品一样在公共空间展示新的表现方法，成为当代社会的奇观。材料组织方式也突破了传统的包裹、砌筑等方式，填充、编织等新方法被广泛运用，可变的和随机性的组织方式也常常被双层遮阳表皮体系所采用。许多异化的材料引发一种对建筑表皮的全新理解。在金属编织的笼筐内放置当地的玄武岩构成外墙，这种墙体表面的处理方式颠倒了钢筋混凝土的现浇过程，作为骨料的石块被还原，而隐匿的钢筋网被翻转凸显，材料本身的特质被展示出来。

日本建筑师隈研吾设计的上海 258 号大楼建成于 2006 年，一至三层为办公楼，立面表皮的细部装修为在光亮不锈钢的百叶片之间生长着的繁茂的常春藤，大面积的绿化要素成为街上人们视觉的焦点。绿

印第安纳的绿篱支架

**图 3.12　用绿色植物作建筑表皮**

化材料在建筑立面上成为细部装修，绿化之美组织在建筑百叶之中，用绿色植物以微观构造处理大尺度的立面，产生了全新的表现力。丹·凯利（Dan Kiley）设计的美国印第安纳州贝尔电话总部街边的绿篱支架，构成一片绿色的高墙，美化了街道，也有防尘、隔绝噪声的作用（图 3.12）。

## 四　生态仿生结构

原始人类的居住空间大多来自对大自然生态的模仿，如树上的家、水上的家、地下的家，以及原始的木屋和谷仓。现今的飞机和潜水艇也没有离开鱼类和鸟类的外形，空间的结构造型与仿生学有密切的关系，帐篷结构、悬吊结构、半木屋架、桥梁、膜结构、地道、蜂窝结构等很多来自对自然生态形式的模仿。以鸟巢为例，园丁鸟就像一个庭园建筑师，从选巢址建居舍到巢外装饰，构成一座十足的鸟的"庭园"；织布鸟将巢悬于树枝或棕榈叶上，编织吊兜状的鸟巢。人类从这些建造技术中得到启示。

### 1　仿生结构

仿生结构是根据生物形态学的研究，形成生态建筑中仿生结构的基本原理，仿生

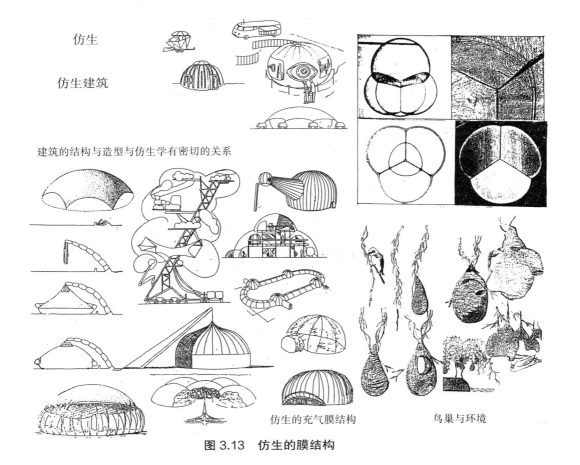

图 3.13　仿生的膜结构

建筑对建筑的生态可持续发展有着重要意义。生命体与建筑设计同受环境因素的影响，把一种放射状的水母类的海洋生物放射虫（Radiolarian）放在电子显微镜下观察，对放射虫这种海洋生物体的生活与自然现象进行研究，应用于建筑结构仿生，其外壳、骨架，包括水中气泡的膜，织网模式、生长变化模式，成为研究仿生建筑与结构的基础。

大自然中的壳：从液体表面、水滴、气泡的微观半圆形式的自然现象说明液体膜有一种表面张力，构成液体的延伸性表面，从液泡边角处的受力情况可模拟出建筑壳体的基本受力原理。

网结构与网目：织网和网丝结构可展示二度的、多角形的旋转形开网和闭网。大自然中的织网技术、纤维与绳、网目、猎网、渔网、屋面网、保卫网、盛物网、服装网、球网、安全网、膜结构的外罩网、悬网桥、爬网（船桅杆）、特殊网的应用等，可模仿出多种多样的联网结构技术。

帐篷结构：帐篷是膜结构的原始形式，可快速地搭建、翻修、搬运，适应特殊的气候需求。帆布顶帐篷是非常经济实用的结构方式。

膜结构：弹性膜的表面可以和编织结构和网结构组合。弹性膜也是一种水工现象，有流体的膜和不流体的膜。膜面材料有玻璃纤维、聚氯乙烯面层、尼龙编织层上再扣硅酮等。为了调节膜结构的温度适应性，可采用主动式或被动式控制能流的方法，避免膜结构内部温度的流失。太阳能与各种节能的膜结构设计已经得到广泛的应用（图3.13）。

## 2 充气结构和气幕结构

充气压力控制的结构，用充气的方法完成简单的结构形体，用压力渠道造成低压快速垫层空间，重量轻，灵活可变，对地震灾害有潜在的优势，比壳体更轻更优越。膜结构的形式从大自然中的植物花子、蜗牛、鸡蛋等中均得到了许多启发。

空气幕导向的封闭空间，采用空气幕划分内外空间环境，生动可见，可保护人们不受风、雨、雪的侵扰。空气幕结构只需按一下电门开关即可封闭。空气幕作为门和墙的历史始于20世纪初，当初瑞士仅是为了防虫防蝇设置气幕。水平的空气幕作顶棚只能防雨雪而不能控制气流，把空气幕做成拱顶形状，则可提供气流的封闭空间。这种看不见的结构其大小、外形和传统的美学并不冲突，空气幕形式要有利于空气的流动。空气幕结构的特点是透明、无影，有声学和温度方面的优势，空气本身是良好的保温体，只要求气流的流速越慢越好。

1971年加拿大多伦多市政厅广场上完成了水平式的空气幕实验，利用建筑的废气，水平的喷射气流覆盖在人行道上，行人头顶上的纷飞的雪花被水平的气流吹散，形成一个透明的顶棚（图3.14）。另一个拱形空气棚设计是多伦多央街商场中的拱形大舞台，尚未能实现。

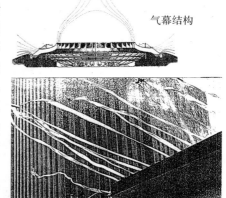

气幕结构

遮避雨雪的空气幕

**图3.14　气幕结构**

## 3  仿生的虫网停车场

昆虫景观也是生命景观中所关注的，景观世界是由物质和生命现象构成的复杂系统。昆虫对于植物正常生长和人的活动有相当大的影响。植物的开花结果离不开昆虫，对环境有益的昆虫在景观规划中应予以保护，把有害的蚊子吸引到特定的区域内。在人的活动场地可种植净蚊香草、夜来香等驱蚊食蚊植物，还可引入天敌，如滨水景观区采用放养蜻蜓的方法，消除蚊子冬眠产卵的场所。

虫网停车场是 2006 年阿康西工作室（Acoonci Studio）设计的虫洞结构，包括仿生的休闲设施和舞台（图 3.15）。在一个狭长的地段上,露天影院在一端,停车场在另一端,其间由曲线的架空的人行筒道连接,蜿蜒的蛇形构造跨过树林和草地,人们可由停车场从网筒中通行至露天舞台。停车场顶部罩面由编织幕网制作，植物攀藤掩护。人行筒道表面有两层材料，一层网，一层 2mm 厚的透明维尼龙，其柔软的弧线形态形似虫网。

**图 3.15  虫网停车场**

## 4 表现生命景观的仿生抽象雕塑

园林景观小品的形式繁多，著名景园设计师丹·凯利说过："我对设计的投入就像我对生活的投入，我在生命中所追求的事物同样可在设计里追寻。人和他的环境有不可分割的关系，这是今天人们崭新的宇宙观。人和自然的关系不是'人和自然'而是'人即自然'，形式才是真正的结论……"抽象的景观小品设计是描述自然不可缺少的部分，成功的仿生小品设计可唤起人们对自然界的亲切感。仿生形态中表现自然生命的雕塑如"恐龙的骨骼"、"断裂的泡沫"等都是当今表现生命景观的新潮环境雕塑小品（图 3.16）。

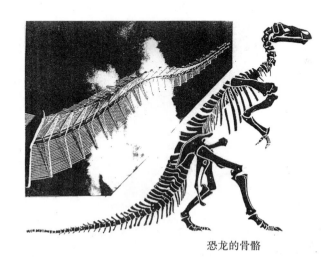

恐龙的骨骼

断裂的泡沫

**图 3.16 表现生命景观的抽象雕塑**

# 五　新陈代谢派与生态建筑新潮

## 1　新陈代谢派

　　20 世纪日本建筑成为亚洲建筑的先锋，其原因之一是前川国男、丹下健三等建筑大师直接从柯布西耶那里把当时世界上先进的设计思想引进到日本，新陈代谢派就是在这种形势下成立的。1956 年国际现代建筑协会第 10 次年会后成立了一个 10 次小组（Team10），他们借用生物学名词，称自己为新陈代谢派（Metabolism），并发表了"新陈代谢宣言"。成员以丹下健三为首，有桢文彦、菊竹清训、黑川纪章、大高正人等。新陈代谢派强调事物的生长、变化与衰亡的过程，主张采用新技术解决建筑问题。在城市和建筑设计中引进时间发展的因素，在考虑长远的周期方面，装置可动的、周期短的因素。丹下健三提出的城市轴理论最具代表性，变封闭型单中心的城市结构为开放型的多中心城市结构；变向心式同心圆城市发展模式为环形交通轴城市模式。他设想的东京规划中，摆脱旧城区，向东京湾海上发展，其核心概念是城市与建筑要能像生物生长一样不断吸纳新事物，适应新情况，排除旧元素，不断生长、变化。这一概念与柯布西耶在 1915 年提出的"多米诺"结构体系不谋而合，柯布西耶的"多米诺"体系建筑是个没有梁的板柱结构，所有的墙都是不承重的，加上水平的厚板，因此在平面上可以任意布局，如果未来需要改变功能，可以很容易取消或者移动任何内墙。"多米诺"结构体系具有承重墙体系或剪力墙体系所不具备的灵活性，强调了建筑中新陈代谢的适应性和可变性。

　　新陈代谢派的著名作品很多，如丹下健三 1966 年设计的山梨文化会馆，其精彩之处在于从柯布西耶的"多米诺"体系发展而来的新陈代谢思想。他在建筑的各层之间预留出很多空间，暂时作为屋顶花园，随时间和功能需求而改变，可以扩展为新的功能空间，可变的适应性很强。这种"树型"结构是 20 世纪 60 年代的新型结构体系，只不过柯布西耶用的是水平发展，而丹下用的是垂直发展。同样的，丹下也直接展现结构没有去装饰；也继承了柯布西耶常用的粗糙的混凝土表面；以单元组合构成大楼的整体，也和柯布西耶设计的马赛公寓的"居住单元"不谋而合。山梨文化会馆可称为新时代柯布西耶"多米诺"思想的延续。日本建筑大师黑川纪章也是新陈代谢派的领头人物之一，他在东京中银舱体大楼设计中运用金属的舱体结构，是新陈代谢的经典代表作（图 3.17）。

　　新陈代谢主义接受了柯布西耶的"多米诺"体系和马赛公寓的居住单元思想（图

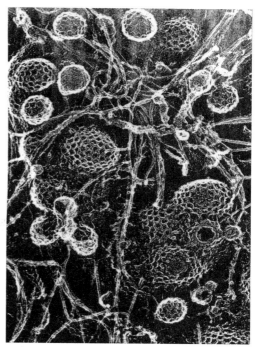

图 3.17　黑川纪章《城市设计手法学》一书中的生物有机体的新陈代谢插图

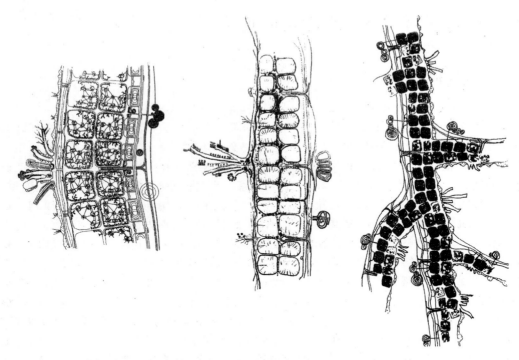

**图 3.18　1965 年黑川纪章的都市集合住宅单元的新陈代谢设想**

3.18），同时他们又向新的机器时代挑战，宣告生命时代的诞生。新陈代谢论的第一原则是历时性，即不同时期的共生性，如同生命所经历的过程和变化。新陈代谢的第二原则是共时性，是由国际主义及欧洲文化中心论向多元文化论的转变。

## 2　生态建筑新潮

生物学的进化把自然与文化、艺术、技术等列为主导体系，近 100 多年来人类科学技术发展的成果使 20% 的土地沙漠化，城市无限的扩大以及工业和科学也给地球的生存条件带来了生态危机。应当改变那种无生命的建筑、无生态产品的城市，改变人类自我防卫的规范，否则大都会将会走向灭亡。科学体系的进化显示人类必须发展生物化产品，如果人类家庭生活中的产品生物化，人类必将为了未来的生存而放弃传统偏见，走向深层的生态科技化，因此生态建筑的口号是高生态即高科技（High-Bio is High-Tech）。

生态技术的新潮已成为生态建筑探讨的首要问题，生态技术在建筑中的运用已有了日新月异的创新发展。2000 年汉诺威世博会上的荷兰展馆，利用屋顶上风车的风力控制环境，还包括利用水气降温，利用储存罐蓄热，利用空气幕流通室内空气，利用循环热加热观众厅的地板，利用光电隔墙蓄热等，这利用的都是天然能源。单元化的室内空气处理，生物能发电，地下制冷系统，各式天然能源的利用都在展厅中有所演示。2000 年汉诺威世博会荷兰馆，以五层竖向的叠置结构展示了自然中的水循环体系。由水泵抽上六层的水以喷泉形式注入六层的水池——象征性的湖泊中，渗入五层的雨水层并流向四周形成水幕，产生水雾，接着流向三层冷却的外墙，然后作为二层植物的灌溉用水，最后渗入底层的"沼泽池"。五层为雨水层，五层的辐射热可储存在六层的湖泊中，蒸发的池水可作为该楼层的冷却源。二层流通的新鲜空气和底层的蓄水则作为其他冷却源。屋顶有风车提水和发电。这是一处水能量循环的展示。

图 3.19　纸筒网架下的日本枯山水展厅

　　2000 年汉诺威世博会上日本展馆纸筒网架下的枯山水（图 3.19），其巨大的空间内部是白色石子铺地的日本枯山水园林，结构是用废纸制作的空心纸筒编织的网格拱形大空间，外部覆以白色的膜面表层，称"零废料"。展览结束后，材料可以回收再利用，是生态建筑新概念的体现。这座迷人的空间由日本建筑师坂茂设计。

　　2010 年上海世博会英国展厅是一座动态的有"头发表皮"的建筑，建筑由像头发的触须状表皮构成，触须的顶端都带有一个细小的彩色光源，可组成多种颜色的图像。触须会随风飘动而产生电能，建筑的形态是对生命的动态模拟，也是风作用下的有动态的建筑。英国馆称"蒲公英"和"海胆"，花摆成絮，因风飞扬，风代表流动、时间、生命。20 m 高、全身长满触须的 6 层圆角方盒子建筑体，由 6 万根透明亚克力杆构成的表面，每根长约 7.5 m，均匀地插在外墙上，能在微风中摇摆，杆中带有灯光，触须里藏着 60 万颗象征生命的种子。该建筑获英国皇家建筑师学会（The Royal Institute of British Architects，简称 RIBA）建筑奖。

# 第四章 大自然中生成的城市与建筑

## 一 城市与建筑的生态可持续发展

### 1 中国古代"天人合一"的生态观

中国古代"天人合一"的自然观逐渐演变为建造城乡的风水相地理论。公元前 1350 年至公元前 270 年，中国的思想家创立了阴阳五行之说，反映阴阳之道及金木水火土相生相克的关系，中国传统风水术有四方、五行、八卦之说（图 4.1）。中国传统的土木工程不是简单地建造一座城市或一栋建筑，而是人和大自然之间关系整体意识的建构，设计要顺从自然风水。"天人合一"的观念与现代生态学、物种平衡理论有相似之处，现代城市发展的五大要素是环境、资源、经济、人口、文化，可与金木水火土五大自然要素相对应。当今的生态建筑学思潮就像是扎根于中国传统风水理论的转世、回归与升华。"天人合一"与生态建筑思潮是相通的，它们都反映人类顺从自然的天性，从环境着眼，顺应自然的本性，追求一种天、地、人和谐共处的理想生存环境。在科技高度发达的今天，这种面向原始文明的回归，反映了现代人对人性返璞归真的心理需求。人们想从传统的原始生态文化中找回人类丧失的曾经固有的精神内涵，这就是"天、地、人"。

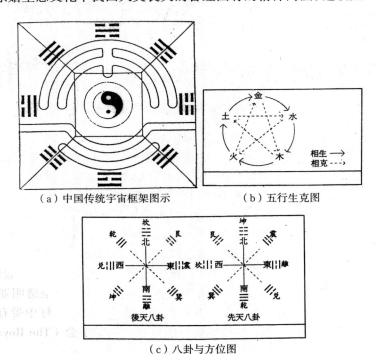

（a）中国传统宇宙框架图示　　　（b）五行生克图

（c）八卦与方位图

**图 4.1 中国古代"天人合一"的生态思想**

## 2　城市与建筑生态可持续发展观念的建立

可持续发展概念第一次出现于世界环境与发展委员会 1987 年发表的《我们共同的未来》报告中，其中文意译为：满足当代人需求时，不危及后代人的需求及选择生活方式的可能性。基本内容包括当代人与后代人发展机会均等，当前的发展不损害后人的生存环境。强调有效、有节制地利用不可再生资源，培育可再生资源的良性循环，保护人类唯一的生存环境——生物圈。可持续城市（Sustainable Cities），即要协调好城市经济、社会发展与城市环境之间的关系。可持续城市的标准应该是减少空气和水污染，减少有破坏性气体的产生和排放，减少不可再生能源和水资源的消耗。鼓励生物资源和自然资源的保护，鼓励个人作为消费者承担生态责任，鼓励工商业采用生态技术，保护工作环境，减少出行距离，制定规程，鼓励人们遵循符合生态可持续的标准，提供先进技术为基础设施服务。20 世纪 90 年代初联合国人居署和环境规划署开展了世界范围的可持续城市计划。

实现"生态城市"、"可持续城市"的理想，需要树立全面的生态观并具备历史的观点：每个城市都有各自的历史传统特色和文脉，应尊重保护。要有整体的观点：城市是一个复杂的人工生态系统。要有共生的观点：人与自然，建筑与环境共生兼容。要有环境的观点：重视环境因素，突出城市特色。要有场所的观点：城市空间、广场、绿地都不应是无意义的空间。要有人本的观点：城市的主体是人，城市设计要体现公众的需求。要有发展的观点：有超前意识为今后发展留有余地。要有新颖的观点：新陈代谢使得生态系统的结构要素充分发挥其功能。要有绿化的观点：绿化是非常重要的生态因素。要有多样性的观点：生态学的多样性，包括物种多样性、宏观功能多样性、人类活动场所的多样性。上述观点是生态城市设计的基本观点。

## 3　城市与建筑设计中的生态学原则和方法

（1）生态学原则

生态的城市与建筑设计应具有以下特点：

①尊重设计地段内的土地、环境及植被特点，因地制宜。

②整体、全面地考虑设计区域内部与外部的环境关系。

③强调人与环境的和谐共存。

④注重设计过程的多学科综合性。

生态的城市与建筑设计是贯彻生态学原则的设计，生态学原则建立在"整体、协调、循环再生"的基础之上。

1996 年日本建筑学会曾刊登"可持续发展指南"，以图表方式列举了可持续发展设计的指导原则和方法。其中设计思想分为五类，包括自然、资源与能源、使用周期、人类、城镇与社区，每一类列出相应的措施和手段。主要的设计因素分为八类，包括材料与建造方法、功能的可持续性、防护措施、自然资源的利用及有效的资源与能源的利用、保证健康和舒适的环境、设计与地方性的结合、保护生态系统以及控制城市气候的变化，每一类提出相应的设计方法。

生态的城市与建筑设计的范围大到一块大陆、一个国家，小到一幢建筑，甚至某些环境工程的细部。按对象和地理范围可分为四个层次，即区域城市级、分区级、地段级、和建筑物单体设计。区域城市级的城市设计应充分利用特定的自然资源条件，使人工系统与自然系统和谐共处，形成一个科学、合理、健康和完美的城市格局；分区级的城市设计要解决旧城改造和更新中的复合生态问题，在分区层次上，城市设计的内容大多与旧城改造有关。城市设计要和整个城市乃至更大范围的城市环境指导原则协调一致。如作为"蓝道"的河川流域，作为"绿道"的开敞空间和步行体系以及基础设施体系乃至城市的整体空间格局和艺术特色，都要落实到具体的地区和地段的城市设计中。地段级的城市设计主要是具体建筑物及较小范围环境的设计，要处理好局部与整体的关系。利用生态设计中的环境增强原理，尽量增加局部的自然生态要素；单体建筑设计要做到尽量节能、生态化。

（2）生态学方法

城市与建筑设计的生态学方法主要有三种，即系统分析法、模拟设计法、指标评估法。这三种方法之间是相互补充、相辅相成的关系。

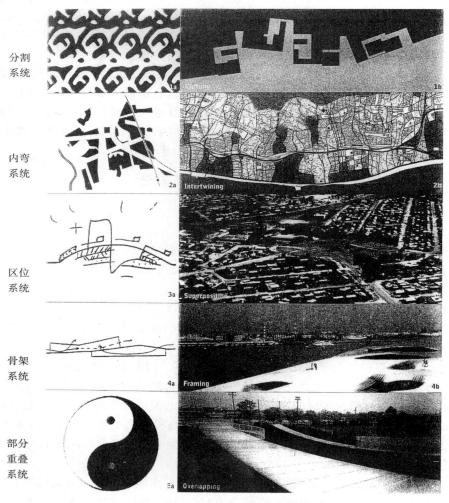

**图 4.2　系统分析法的图解**

① 系统分析法

城市是一个包含了自然、社会、政治、经济、文化等诸多事物和现象的复杂系统。对系统的全面分析，能掌握事物间的内在联系，确定人与环境持续发展的最优化方案。系统分析涉及的内容有两方面：一是环境分析，包括对自然环境、社会环境、经济环境的分析。自然环境分析指对设计地段相关的自然条件如地形、地貌、水文、气候等景观资源以及动、植物种类与分布的综合分析。社会环境是指对设计地段的社区结构、民俗习惯、文化传统、价值观及历史文脉的分析。经济环境包括经济投资计划、设计方案的经济性等方面的分析研究。二是功能分析，通过对系统内各构成要素间的能流量、物流量、信息流等的分析，对不同功能之间的连接、兼容、并列、叠合、分离等关系作出判断，确定功能配置。交通分析是功能分析的重要内容，包括交通流线、车行系统与人行道的层次分析以及交通换乘体系分析等，如图 4.2 中对分割、内弯、区位、骨架、阴阳方面的分析。

分割系统：

1a 为图底关系；

1b 为 1998 年休达"欧洲 5"一等奖方案。

内弯系统：

2a 为 1987 年雷姆·库哈斯的法国 Melun-Senart 城市发展比较；

2b 为 1998 年巴塞罗那土地网格。

区位系统：

3a 为 1996 年苏格兰格拉斯哥"欧洲 4 母亲核心"一等奖方案；

3b 为 1997 年南非索维托 Marshes 花园设计。

骨架系统：

4a 为 2000 年西班牙马洛卡的帕尔玛新展览厅；

4b 为 2002 年日本横滨国际港站。

部分重叠系统：

5a 为阴阳图；

5b 为 1996 年日本岐阜多媒体研究所。

② 模拟设计法

在系统分析的基础上，通过建立城市模型，对城市生态系统的整体或部分进行结构或功能的模拟（图 4.3）。将系统内复杂的、不可见的、直接或间接的关系，以

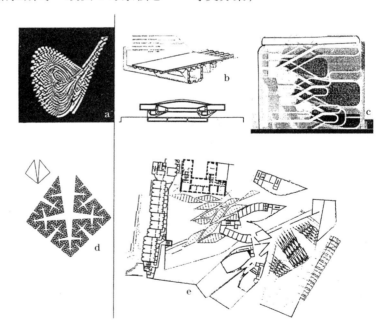

模拟叠片式馅饼式结构：a. 吸引人的自然生态技术；b.1995 年日本横滨国际港站；c.1997 年伊朗德黑兰多观众厅电影院模拟摇跳跃式的树形结构；d. 树式的肺形图式；e. 安立克·米拉耶斯设计的苏格兰爱丁堡议会大厦。

**图 4.3　模拟设计法理念**

可见的、直观的、定性或定量的方式来表达，从而获得最优化的设计方案。

城市模型为许多分析研究提供了技术手段。它一方面可以科学地描述城市结构系统的结构要素和运行机制，一方面也可以预测城市的未来情况。建立模型的过程就是对系统深入研究的过程，从而可以对不同的设计方案进行评估比较。

（3）指标评估法

通过一系列指标，对城市设计成果在满足人和环境内在需求及价值方面的优劣程度及实施可能性进行评价，它是对设计方案的再次分析与论证。

指标是对错综复杂现象的一种简化，评估设计方案时可采用多个指标。可分为单项指标和综合指标，也可分为预测指标和现状指标。常用的规划指标主要有：容积率、建筑面积、建筑密度、居住面积、居住密度、绿化面积、绿化率、人口密度，等等。此外，环境质量指数也是重要的评估依据。

在生态的城市与建筑设计过程中，系统分析、模拟设计与指标评估三者之间互为补充，三种方法的运用是多次循环往复的综合运用。

## 二　气候效应与风水理论

### 1　气候生成建筑

气候是建筑生成的主要因素，拉尔夫·厄斯金（Ralph Erskin）说："若没有气候问题，人类也就不需要建筑了。"中国古代称建筑为"宫室"，《易经·系辞》中有"上古穴居而野处，后世圣人易之以宫室。上栋下宇，以待风雨"的说法。这里将建筑的气候目的说得直截了当，建筑的目的针对性即"遮蔽出人工的舒适环境并维持其与自然气候之间的差异"。一种现代生态覆土建筑环境的设想，如图4.4所示，干热空气由风塔进入，流经通风道内的流水槽经过加湿降温后，再由地下通风道通过地面风口进入室内，在室内被加热后上升经后面的风窗排出室外。排风口漆成黑色用以吸热，温差可加速空气流通。穹形天顶更有助于气流的循环与通风，同时拱顶和屋角外部设集水管防止建筑受潮。夏季庭院和屋顶上的乔灌木和植被可以吸收和反射强烈的阳光。这样的居住空间可喻为"金"，植被绿化喻为"木"，屋前及地下水渠和水池喻为"水"，太阳能量喻为"火"，人寓于"土"中，金木水火土生成居住空间。

2002年境外名师在天津提出过一个"天鼎方案"，欲与天坛媲美，把相当规模的一个居民区中心集中在一个巨大的圆鼎形的结构之中，金属板大曲面光彩夺目，力图打造直径180m、周长560m、高50m的"全天候建筑"（图4.5）。使用天然采光、自然换气，外挑罩棚遮光以降低外墙热负荷，以植株调节温湿。顶上装有2万个太阳能电池嵌板，提供照明电力；屋顶面贮存雨水，供冲厕及灌溉。利用反射大曲面采光并间接接受湖面的反光，沿大曲面外壁的气流可冷却外壁。走廊上配备风轮风力发电装置，利用来自湖面的风能，利用绿化植物缓解废气污染，净化环境。天鼎方案的设计思想全面体现了气候生成的思想。

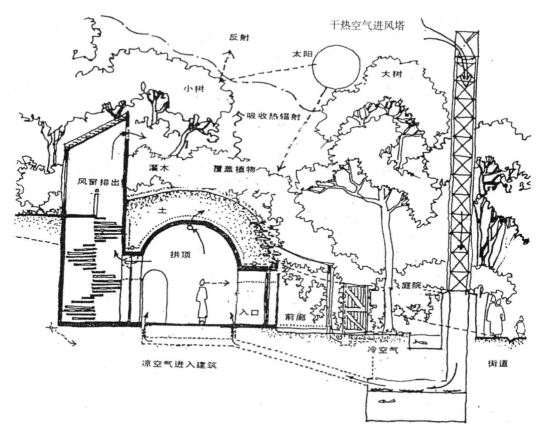

图 4.4　金木水火土生成的居住空间

图 4.5　气候生成的建筑——天鼎方案

## 2　顶棚下的城市

美国阿拉斯加的安特拉奇是极寒冷地区巨大顶棚下的生态城市设计，是由德国、日本建筑家合作完成的人工气候环境下的生态城市未来的设想。

巨大圆顶下的生态城市由一定规模人口构成，包括城市应有的各项职能设施。特别是人工温水不冻港锚地，六角形环路的交通系统，4个出口通达顶外的环路和机场和活动人行道构成城市活动集中的主轴。顶棚直径2km，正圆形，顶点最高处240m，弧面半径曲线2 200m，端角处由膨胀气球支撑。布局以景观公园、水池、动植物园为中心。快速自动步行道贯穿城市，以空间结构膜顶保护网为骨架，双层单网结构用膨胀气球支撑，构成覆盖整个城市的透明屋顶，并以通风塔构成城市的换气装置。对北极地区来说阳光至关重要，棚内设小型马达驱动的遮光棚，随太阳的照射而转动。顶棚中还设计了强光的"人造太阳"，以电灯照明使极地的冬天也有光照，并促使植物在顶棚下有光照得以生存。"人造太阳"悬挂在顶棚下30m处，沿轨道运行，同时供应电流照明。生态城内每栋建筑在垂直方向上都可获取新鲜空气，垂直的喷口沿步行道系统设置。引入空气的装置系统设在二层楼的楼板上，首层的废气出口与沿街路径组合在一起，废气通过与进气相反和相邻的气流，可使进入的新鲜空气温度提升。

## 3　气候与风水

风水又称地理、堪舆，是中国独树一帜的文化现象，风水术是集古代科学、哲学、美学、伦理、心理、宗教、民俗和生态思想于一体的综合性理论。风水术与营造学、造园学构成中国古代规划建设理论的三大支柱，同时风水术与天文、命相构成中国古代"天地人"一统理论的基础。风水为考察山川地理环境，包括地质、水文、生态、小气候及环境景观等，然后择其吉而营建。

（1）　中国古代城镇规划中的风水思想与气候

《阳宅十书》中有："人之居处宜以大地山河为主"的说法。地理因素如地形、地貌、地质、水文、气候、植被、物产、人口、交通及景观等是以农业文明为基础的中国古代城市的生存发展之本。历来城市选址首重地理气候条件，先秦就形成了基本理论框架（图4.6）。

都邑的"择中观"在《荀子·大略篇》中有所体现："王者必居天下之中，礼也。""择中观"也就是选择一处最适合人们生活居住的理想环境。"物之美，本乎天"，正是顺应自然天理，使自然中的天文、地理、水文、气候等情形正好适合人们的要求，才使大自然的运动与人共鸣，达到"天人合一"境界。"度地卜食，体国经野"，说明土地肥饶、宽广，直接影响农业生产，说明城市与农耕的紧密关系。"国必依山川"，中国古代城镇的选址必由风水术选定理想的地理形势，与现代城镇规划中考虑的生态气候条件在思想上是一致的。

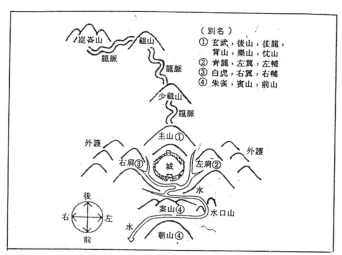

（别名）

① 玄武，後山，後龍，背山，樂山，忧山
② 青龍，左翼，左輔
③ 白虎，右翼，右輔
④ 朱雀，賓山，前山

（a）理想的风水形势图

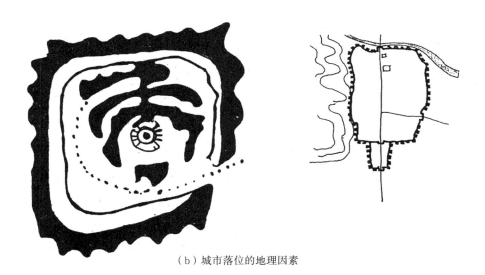

（b）城市落位的地理因素

1 良好日照
2 接纳夏季南风
3 屏挡冬季寒流
4 良好排水
5 便于水上联系
6 水土保持调节小气候

（c）城镇选址与生态气候关系

图 4.6　气候与风水

（2）气脉

气在风水术中是一个兼具抽象与具象的观念，它不但是流动无定形的物质，而且是天地万物最基本的构成单位。气分阴阳，"生气"即阴阳之气，五行之气产生于地，运行天天，气行则万物发生，气聚则山川融结。气的抽象作用即是感应，《葬经》讲气因土得以运行，而山的走向叫脉，因山脉蜿蜒起伏像一条飞舞的龙，故称"龙脉"，龙脉即指"气"运行的路线。图4.7中国三大干龙图通过龙脉掌握无形的气，审龙为寻气的关键，气与脉互为表里关系，脉是气的外在表现，详察脉的走势才能掌握气的运行。历代风水师认为昆仑山是所有龙脉

图 4.7　中国三大干龙图

的起点，随后分为三大支，称三大干龙，由黄河、长江划分开，观龙脉气势之顺逆影响吉凶。

（3）"龙"、"砂"、"水"、"穴"之说

① 龙法：龙即龙脉，以山之蜿蜒起伏形似龙而得名，表明古人对山脉"生命活性"的认识。在古人的观念中，大地（山脉）是"活着的"（即运动中的），而且是系统的，每座山皆有祖、有根、有源，"盖山之有祖，亦犹木之有根，水之有源，根深叶茂，源远流长"。

② 砂法：砂指基址左右护山及正面的朝山、案山以及闭锁进入基址正入口的砂山，等等。有了砂山，主山居后，便形成了环抱之势，《葬经》则用天象东西南北四方宿名来描述："左青龙，右白虎，前朱雀，后玄武。"如此"四砂法"在风水中因袭不变。总之砂法即观山、治山之法，按此法的环境效果是获得良好的日照、接纳夏季南风、屏挡冬季寒流、排水良好、便于水上联系以及水土保持调节小气候作用。

③ 穴法：大地（山脉）中存在无数有生气的凝聚点——"穴"，类似于人体经脉各系统中的穴位。大地上的"穴"既然凝聚生气，故最宜世人或死人居住。于是一切觅龙、审山、察砂、纳水之法都是为寻得"穴"。一般认为穴处于山脉与平地交汇之处，即龙势所止之处，地中的生气由此而出，赋予山龙以生机活力，气是不可见的，查气只能根据山龙地势。穴分正受穴（主山脉所结之穴），分受穴（支脉所结之穴），旁受穴（砂山结穴）。考虑穴址的因素有土质、主山形势、明堂，指穴位之前案山之内的平地，明堂要求平坦、端正、高下适中、砂山环抱、藏风聚气。

④ 水法：水脉乃大地生机所在，风水术通过水势、水形、水质因素，体察大地生气。

水势：水流和缓停蓄，行走无声为吉。

水形：土地、山、水相辅相成，水形随山就势。水形只要不冲穴场，不逼压明堂即可。

水质：古人凭直觉辨别水质，注重"水法"首先是水与生态环境即"地气"或"生气"息息相关，同时水质与人的疾病天寿也关系密切。

（4） 环境意向，古生态观念

山东泰安市大汶口新石器时代文化遗址出土的陶器上，发现了几个图像文字（图4.8a），其中一个由太阳、云气和山岗组成，说明当时人们对某些自然地理现象有一定的观察、认识且用图形的方式来表达。中国自古以农立国，农业收成的好坏与天气状况有关，自然条件带给农业生产威胁最大的是干旱和洪涝。甲骨文中有很多卜雨和卜晴的记载。董仲舒阐述了"天人感应"论，认为天创造就是为了执行天意，如果违背了天的意志，天就会降"灾害"以示"谴告"，但同时，人的行为和精神活动也能感动上天。这种论调客观上制约了人对大自然的妄为，它隐含着一种原始的、自发的生态观念。"因地制宜"便是这种生态观念的进一步发展。

古人在长期经验下对生态环境的循环作用有很深的体会。明末清初的《日火下降，阳气上升图》对太阳辐射在空气对流中的作用，做了形象化的生动描写（图4.8b）。说明了风、云、雷、电、雨等的形成原理和过程，图中有"阳气被云，闪光为雷"，并且科学地解释了水汽上升，成云致雨，流湿地面及渗入地下的水分循环情况。由此可见古人对生态环境的重视与认识，并将运用生态观念的人类活动掺入了风水理论之中，如宅、村、城镇选址中负阴抱阳，背山面水；提倡多植林木，保持水土调节小气候。"龙、砂、穴、水"择山水之法中对地质、地貌、气候、植被、土壤、水文等方面的论述，其功效与生态建筑学的环境设计、规划中的探讨有异曲同工之处。

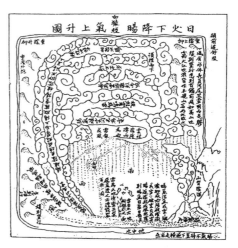

（a）由太阳、云气、山岗组成的图像文字　　　　（b）日火下降，阳气上升图

**图 4.8　古代生态观念**

# 三 设计从土从石

## 1 建筑形态地景化和土地资源

（1） 以地形地貌主导建筑设计

1936 年赖特完成了世界闻名的流水别墅，开创了建筑形态地景化的优秀范例，建筑的底部有瀑布流水，水平挑出的大平台在山林和石头的衬托下，使建筑与地形地貌的自然风景浑然一体。赖特的另一处作品——坐落在沙漠之中的石木建筑，以粗石、木构架、帆布棚，水平地伸展在大地之中，犹如从沙漠中生长出来的废墟，人、建筑与砂石亲密无间。中国古典园林建筑有同样的以地形主导建筑布局的原则，即"我在景中"，设计以自然地形主导建筑设计。

（2） 以建筑主导地形地貌

柯布西耶设计的朗香教堂与周围的环境脱离，孤傲地站立在山头上，展示自我的魅力。他的另一处作品萨伏伊别墅也不与环境对话，以环境陪衬建筑，在环境中展示自我，建筑控制了环境，白色的建筑从环境中突显出来，非常显眼，如同西方古典园林中"我就是景"的设计手法。

上述两种建筑形态的地景处理手法都有许多成功的范例，其共同的要素都是将地形地貌的环境要素作为建筑的场景，建筑与地形地貌在形式、材质、肌理上不是统一和谐就是差异对比。不论是和谐还是对比，最重要的是不破坏地形地貌，不破坏生态环境，这才是作品成功之所在。由于时代的局限，流水别墅虽然完美地融入了自然风景，却还没有意识到建筑本身怎样服从地形地貌和生态环境。柯布西耶那种与环境对比的作品，只从视觉美观出发。两种手法都不值得提倡。现今和未来需要的是建筑如何全面考虑与地形地貌和自然生态的关系：不仅要和谐相处，更要顺应大自然的地形地貌，把建筑设计纳入地形地貌之中，以地形地貌主导建筑设计。

顺应大地表面的建筑有（图 4.9、图 4.10）：

① 平台型

a. 1999 年西班牙格兰纳达由古老的工厂改建复兴的文化休闲中心设计

b. 1999 年西班牙大加那利岛炮台阵地改造设计

c. 1997 年西班牙阿利坎特大学博物馆

d. 1999 年西班牙坎塔布里亚海岸边的地平线设施

② 下沉波浪型

e. 1997 年西班牙圣克鲁斯体育场竞赛一等奖方案

f. 1997 年新西班牙主题公园

g. 1999 年巴塞罗那某中学校舍

h. 1999 年巴塞罗那老环路之间的协调

i. 1998 年西班牙"下沉之波"方案

③ 台地型

j. 1991 年西班牙戈梅拉岛植物花园

k. 1997 年西班牙哈恩学生居所竞赛方案

l. 1996 年西班牙毕尔巴鄂"欧洲 4"平台方案

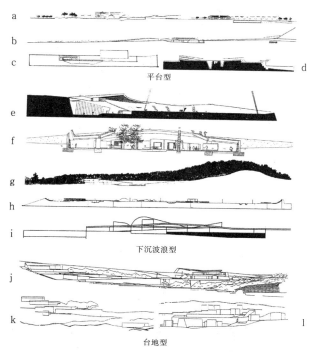

图 4.9　顺应大地表面的建筑

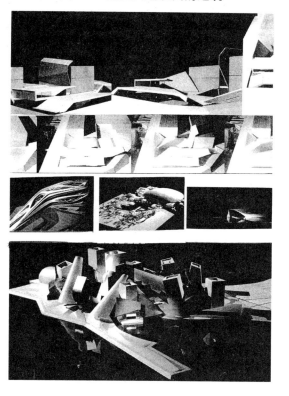

图 4.10　在大地上造势的大师作品

## 2 扩展建筑空间的途径

土地使用与可更新资源在环境设计中至关重要，可更新资源指通过天然作用和人工经营能为人类反复利用的各种自然资源，主要包括土地资源、水资源、节能资源、生物资源等。土地是人类生活和生产的场所，是地质、地貌、气候、植被、土壤、水文和人类活动各种因素相互作用下组成的综合的自然生态系统。可更新能源并不是用不完的资源，更新明显受自然生态过程的限制。城市建设改变了土地表面的组成和性质，影响到城市气候环境和大气的物理状况。城市化也严重地破坏了生物资源，改变了生物环境的组成和结构。土地资源十分有限，在建筑环境的开发、建设和改造中，合理利用和调整土地使用方式，扩大绿地面积，保护土壤和水资源，是生态建筑环境的形成与发展的根本保证。

未来可向外层空间和海洋索取空间，当前重要的途径是土地的综合利用。即以地下为居，发展地下空间，以低层的形式沿地表面向四周蔓延发展的多层、高层建筑向地表上空发展来扩展山体建筑空间（图 4.11）。

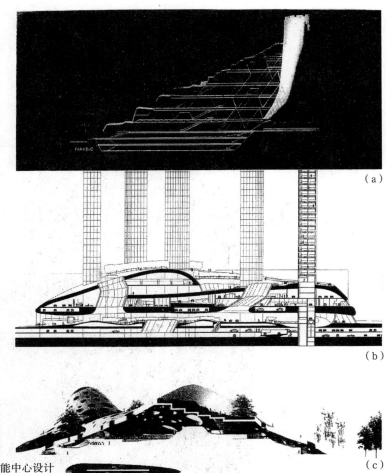

（a）

（b）

（c）

（a）2002 年西班牙德尼亚多功能中心设计
（b）1999 年巴塞罗那 Poble Noe 住区
（c）2000 年 MVRDV 设计的斯德哥尔摩光电城

**图 4.11 山体建筑**

## 3 开发地下空间，发展覆土建筑

地下空间和覆土建筑对土内空间的利用充分发挥了土壤的物理性能，可有效地防御或减弱不利的气候因素，具有稳定室内微气候、产生负离子条件好、耐久等优点。地下空间和覆土建筑不但恰当地利用本地的资源、建筑材料，还对所在环境起到调节作用。

解决城市用地紧张的途径有两种：一是向城郊发展，但会导致耕地面积减少，生态平衡破坏，城市化程度增加。二是向高空发展，往往导致人口密度猛增，空气严重污染，交通更加拥挤。因此开发利用地下空间具有以下优势。

（1）节省土地资源。减少对城市土壤的破坏，减轻地面上居住、交通、生产与生活服务、社会活动的相互干扰。

（2）节约能源。土壤具有隔热和蓄热的双重功效。据测地下建筑比地面建筑可节省热能 25%—80%。

（3）有利于生态平衡。不破坏植被，不侵占农田。有利于美化环境，净化空气，改善小气候。

（4）防尘、防毒，地下空间无大气污染。

（5）利于储存蔬菜、水果粮食。地下环境相对湿度为 80%—90%，可避免鼠害、虫害。

（6）抗震性能好、维护费用低。

地下空间被誉为人类的"第二空间"。

把建筑形态隐藏在地形地貌地景之中，将建筑置身于宏观的区域与城市范畴，以城市环境为背景又融入城市环境之中，最终完成城市景观空间中的一个组成部分。土中的教堂、长影博物馆都是隐匿于地景中的建筑设计（图 4.12）。法国的旺底（Vendee）历史博物馆约 6 000m² 的大厅隐藏于大地之中，博物馆是 2004 年的获奖作品，地处天然牧场，外貌的表现有融入地景之中的文化性。博物馆的屋面如同地景的一部分，屋顶造型的构思源自邻近落位于中世纪城堡遗址上的墓地，仿取 F-111 隐形飞机

土中的教堂

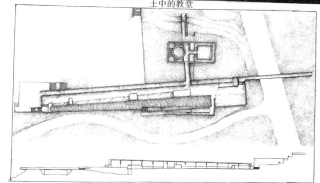

长影博物馆

法国旺底历史博物馆

**图 4.12 开发地下空间**

的造型。建筑藏在大地之中，大厅开向河流，创造了神秘的地中建筑体量，又易于被来访者发现。建筑为铜绿色，隐藏在大自然的绿色地形之中。

## 4　设计从石

石风景指地表大部为裸露的岩体，在岩体立面上可建倚壁建筑，在崖顶营造建筑可采用构架式结构悬挑于岩顶边缘。石文化可追溯到古代以石为材的雕刻，天然岩体岩面上的铭文、线描、浅浮雕和雕塑、石建筑、石园林。人为的石风景环境有自然型和抽象型，前者表现自然形态，后者表现抽象的岩石节理、面和空间形态。

在日本的水、风、石头、地中艺术博物馆系列建筑之中，石头艺术博物馆创造了诗一般的趣味，由带斑纹坚硬的褐色石头建造的一个方盒子的幽暗空间，像个钢铁的花架（图4.13）。设计的情趣在于表现光通过顶上的圆洞，在空间中留住视觉焦点。观赏一堆石头，讲解这块石头，成为幽暗空间中的主题。

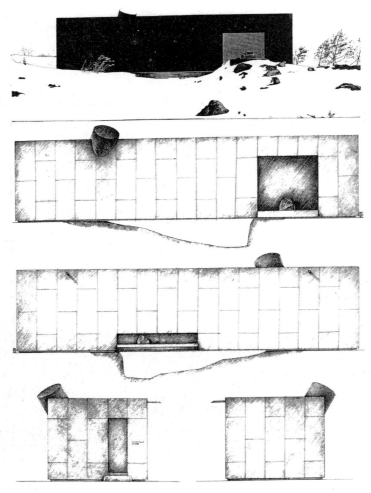

**图4.13　石头艺术博物馆**

## 5 石材表层的质感肌理和色彩

由于物体表面不都是光滑的，材料质感的粗糙程度可以唤起人们对材料表面的触觉。粗糙的质感表面很容易和光滑的玻璃、钢铁、家具等形成强烈的材料对比。这种材料质感对比的运用，在室内设计、建筑的外形和立面处理上得到了广泛的应用。肌理指运用材料的不同配列、组成、构造而得到触觉、触感、引发视觉的质感。能够实际摸清楚的肌理叫触感肌理，只能看到而不能摸出差别的肌理叫视觉肌理。

在设计中运用石材暴露其质感，取其光感及色彩的效果，例如中国安徽黟县西递村民居的里巷中，石条铺地，乱石墙基，土石墙面与灰瓦白墙展示天然石料的和谐之美。现代还有用金属网框住碎石的墙壁的作法。韩国李殷硕设计的教堂把通常运用在室外的粗糙毛石墙面运用到室内，别有情趣（图4.14）。

**图4.14 教堂室内的粗石墙面装修**

# 四　风环境——听其声入其境

## 1　流动的风

（1）风环境

风是空气流动的现象，如气象学的风，在建筑气象中考虑的风。无论是建筑内部的风，还是外部抵抗的风压，都是建筑设计中需要解决的问题。环境气象学里的对流指由于温度不同，风把热能从一个地方带到另一个地方。能量交换最重要的形式是大气环流，季风是大气环流的一部分。季风带来的温度的变化是雨雪气候的成因，也影响环境空气的质量。"风光"、"风景"、"风花雪月"、"风水"等词语中的"风"都是风貌景物之美。风的流动，风的多变，使人产生诸多情致。风环境、热环境、声环境、光环境密切相关。城市风环境就是城区微气候设计中的一个重要因素（图4.15）。

气流运动的方向和速度，风向和风速，风的成因以及地理条件之间有密切关系。因地面上局部地貌、地物的不同而引起的小范围的空气环流被称为地方风，如水陆风、山谷风、庭园风、巷道风等。在建筑总体规划和单体建筑设计中应充分

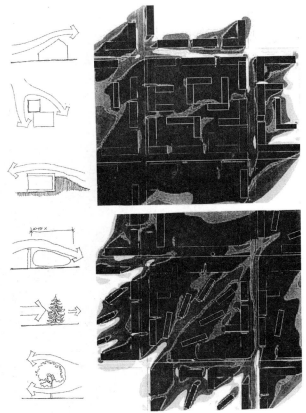

运用计算流体动力学软件（CFD）为城市提供良好的通风条件

**图 4.15　流动的风**

注意和利用地方风。地方风通常用风玫瑰图表示，用于决定房屋的朝向，组织良好的通风和考虑建筑热耗等。

要避免因地形条件造成的空气滞留或风速过大，可通过道路、绿地、河湖水面空间引导风向，并与夏季主导风向一致。错列布置建筑以增大建筑的迎风面，高低结合，低的在迎风面，点状布置建筑时要缩小间距。

（2）虚空、流动、时间性

风是空气的流动，是无形的自然元素，风是虚空的。风的流动性使建筑有四维空间的时间性特征，建筑成为对风的感知场所。风的可变性和不稳定性使风与建筑的关系变得特殊。风的最大特征是随时间推移，时有时无，时强时弱，有层次地发生。

风的虚空特征：风可产生场所精神，安藤忠雄在"风之教堂"设计中，将一个教堂、

一个钟塔、一组连廊及围墙设置成一个感知风的通道。

风的流动特征：风与建筑结构功能有密切的关系，结构之美实际上是一种力学之美，风的存在也是一种力的表现，使建筑有一种"飞翔"的效果，很容易给人以空气流动之感。这是由建筑动态感而使人有风的感知。"动态建筑"对流动的隐喻变为当今更张扬和疯狂的设计手法。

风的时间特征：时间性是风与建筑表情的诉说，风有自身的流动表情，让人联想到传播与传承。

## 2  风环境与小气候

（1）回归自然，风的话题

中国古典园林中以风为题名的景观很多，如承德避暑山庄中的"万壑松风"、杭州西湖的"曲院风荷"、扬州个园中的"透风漏月厅"、苏州留园的"清风池"馆、北京香山见心斋中的"畅风楼"等。日本禅宗造园的枯山水，片断的自然要素可让人联想到整体自然，表达一种弦外之音的意象，在建筑空间中营造"禅"意。风的空间表现为"借"，通过风对烟、雾及风对其他物体的影响以间接的方式判断风的存在。风产生的震动也能以"声"的方式让人感知。借助一些设计手法才能在空间中捕捉到风。风有触感、形态和声音三方面特征。

（2）以形现风

观赏盆景中呈现的盆景树在风中摇曳的姿态，以此感受大自然风的魅力。建筑上可把风视觉化，如渡边诚设计的"风之手触"环境作品，由多根碳纤维杆组成，杆端安装了太阳能电池和发光二极管，起风时可弯曲摇摆，如风吹草地；入夜则利用白天收集的太阳能闪烁发光。形态的变化并非事先设计，形态则服从自然规律，这被称为"无设计的设计"。

（3）以空集风

最得"风"味的是园林中无处不在的亭，拙政园有"荷风四面亭"、"郁风亭"，网师园有"月到风来亭"，无锡鼋头渚有"阆风亭"，桃花源有"蹑风亭"等。亭的性格尚虚，因而成为纳风的极佳载体，亭子是为人的心灵所设立的景观。风因亭而有景可依，亭因风而充满生气。

（4）以声喻风

建筑体量上的凹入或建筑表面上的细部处理遇风时引起空气震动，产生风声，可捕捉风的声音，营造空间氛围，如声学雕塑。

（5）以自然得风景

人性环境中最动人的成分莫过于风景，大自然风景可陶冶人的内心。

## 3  设计从声

（1）听其声入其境，声音景观

声音像空气一样，围绕在人们周围，丝丝入耳，如自然的风雨声，动物叫声和虫鸣，人们的耳语以及嘈杂的交通声，机器轰鸣声。自然之声则是除人类活动之外的一切外部环境的声音。声音本身作为一种艺术形式追求的本质是美和感观的美好感受，"建筑是凝固的音乐，音乐是融化的建筑"。古诗云"蝉噪林逾静，鸟鸣山更幽"，声音景观

（Soundscape）是人类生活的声音环境，其使声音成为风景，以供人欣赏。生活在内陆城市的更喜欢小河的水声、鸟叫声，例如流水别墅就将流水声作为其表达设计情感的手段（图 4.16）。中国古典园林常把声音放在重要地位，承德离宫有"万壑松风"，拙政园有"留听阁"，取意"留得残荷听雨声"，并有"听雨轩"，借雨打芭蕉的声音渲染雨景气氛，以声境美设置景点。"水琴窟"是日本江户时代流传至今的传统发声装置，经常出现在日本园林中，结构为一个倒转的密封壶，水通过壶上的洞口流入壶内小水池，从而在壶内产生悦耳的击水声，声音如同铃声或日本古琴。春听鸟声，夏听蝉声，秋听虫声，冬听雪声，白昼听棋声，月下听箫声，山中听松风声，水际听浪声，方不虚此生耳。

赖特设计的"流水别墅"

路易斯·巴拉干设计的流水花园

**图 4.16 听其声入其境**

听音乐是人们重要的精神休息活动，人类具有对音乐的天然感情。山水画中人们能感受到的溪水潺潺叮咚有声，描写风雨图中画出的迎风柳枝和"孤舟蓑笠翁"，这都含蓄地表达了大自然的声音之美。在现代雕塑作品中，有的力求表现大自然的声音，唤起人们的音乐之感，但是不是所有的声音都受人喜爱。避免噪声的干扰，避免有害声对工作休息环境的破坏，也是研究环境声学的重要目的。

芝加哥美孚石油公司大楼前广场上有一处声音雕塑，以不同高度的铜条按垂直方向排列组合立在水池中，微风吹动铜条引起共鸣产生美妙的风声，水池辉映天空的云彩，创造了一个观赏自然之声的优雅环境。青岛海滨帆布休闲小亭内的轻音乐像是喧闹大街以外的世外桃源。"林中之声"是日本现代园林中的"声音放大器"，在密林中的圆弧形混凝土墙壁，下部设置座位，由于声学的反射，如同树林中的声音放大器，坐在墙下可以静听林中的宇宙之声，这是创造性的地景声学雕塑（图 4.17）。

（2）聆听建筑之美

建筑不仅有视觉的感染力，回声、风声、水声、大自然的声音都可以体现在建筑设计之中。古罗马的万神庙，被称为回声之庙，巨大的空间仰头可见天顶透入的日光，仿佛可以跟上帝对话。站在北京天坛的回音壁圜丘坛第三层中心的太极石上向天呼唤可听到四方回声。安藤忠雄设计的"风之教堂"可有风声的体验，直筒形总长达 40m 的风之长廊由混凝土构架、玻璃天窗顶棚和联系梁构成拱状顶，尽端通向峭壁与大海，承受海风扑面的触感给人们以"风之洗礼"。伦佐·皮亚诺设计的新喀里多尼亚文化中心，张力框架撑起的编织结构，能传递微风，同时赋予建筑一种声响，在热带气流中发出微弱的哨声，好像海风吹动林木之声。2000年德国汉诺威世博会的瑞士馆是横竖木头搭建的一个巨大共鸣箱。

日本的风之艺术博物馆以每边箭状曲线木条的小屋构成风的空间，是一个表现风的声音的风盒子，风吹过时，木板条间的缝隙共振发声（图4.18）。在有风的天气人们会惊奇地听到来自两旁木板片与风摩擦发出的风声，就像乐器的琴弦。天然石头座凳摆放其间可落坐静听风声，风之艺术博物馆留住了人们对大自然的记忆。

声学雕塑和林中之声

林中的声音放大器

倾听大自然的诗歌

**图 4.17　声学雕塑和"林中之声"**

表现风的声音的风盒子，留住人们对大自然的记忆

**图 4.18　风之艺术博物馆**

# 五　光空间和水场所

光创造了生命，光使生活空间充满活力，光可除霉杀菌，有利于人体骨骼生长，所以建筑师应创造宜人的室内外光环境。光分为自然光和人造光，光技术和光文化与城市和建筑同步发展，空间是建筑的实体，光是建筑空间中的灵魂。自然光可以塑造建筑形象、建构空间，渲染空间气氛，营造精神氛围。福斯特（Norman Foster）在他设计的北京国际机场T3航站楼的空间中，把光从透光的光顶棚引入，光使这座建筑富有光的透明度和流动感，这也成为作品的特征。墨西哥洛斯帕蒂奥斯（Los Patios）公寓大厅中以光空间变化着的阴影创造出生动变化的时间性图景。日本建筑师伊东丰雄设计的伦敦肯辛顿花园中的蛇形画廊，建筑以线形的透光网格组合各立面和屋顶，构成抢眼的视觉动感空间，采光顶的运用成为时尚（图4.19）。

北京国际机场T3航站楼内景

采光天顶

洛斯帕蒂奥斯公寓大厅

伊东丰雄设计的餐厅

**图 4.19　绚丽的天然光**

光设计中采光量的多少，在不同类型的空间有不同的需求，如果过分透明则泛光的空间意味着空间的死亡。运用光束制造空间序列，光有引导特性，人有向光的本能，利用光线的明暗变化和韵律，可加强空间的秩序感。运用光可以限定空间，光的强弱虚实会使空间产生丰富的变化，产生深度感和层次感。运用光影可塑造空间形体，光和影一阳一阴，光影角度的变化可形成长短、大小、方向与起伏以及空间中时间的变化要素。影在立体构图中有对比作用、互补作用、均衡作用、背景作用，光影可以作为一种造型手段。

## 1　光构成第四度空间的时间性和情感表达

光在空间中随时间而流动，光具有时间性，借助自然光可阅读时间、太阳运动。英国远古的石阵遗存，反映远古人类对阳光变化的认知，也称"环形石林"，其中一些巨石有 6m 多高，环形直径近 100m，石阵中的几个重要位置似乎都是用来指示太阳在夏至开始的位置，反方向看正好是冬至日太阳下降的位置。光的变化成为三维空间的第四维度，建筑界称为第四度空间。光及阴影使建筑固有的明确形体转化在连续的时间运动之中，建筑空间即包含了时间性的意义。每天时间的流逝都被不同状况的自然光标示着，东方的晨光呈温暖的黄色，南方之光是明亮的白色，西方黄昏之光金光耀眼，北方之光冷而含蓄。

柯布西耶说："建筑是光线之下立体几何的游戏。"他设计的朗香教堂，光线在其中自由流动，构成精神性空间的气氛渲染。光是人间与神境相互对话的一种语言，是人性与神性共同显身具象化的领域，教堂中变幻莫测的自然光线如同净化人类心灵的圣水。安藤忠雄设计的"光之教堂"，墙面上的十字架开口和灰色的墙面形成对比，仿佛上帝来临。中世纪欧洲教堂常常把教堂穹顶留出采光孔，如古罗马的万神庙，一束天光从天而降，通过哥特式教堂的彩色玻璃车轮窗投下五彩斑斓的光影，如临仙境。李博斯金（Daniel Libeskind）设计的柏林犹太人博物馆没有传统的窗户，只有凌乱的像线条一样的采光带，使人感觉仿佛进入了另一个与世隔绝的灰暗空间，扭曲形态的建筑对光线的设计恰到好处。

## 2 光空间中的暗示与过渡

光可以在空间中有暗示、分割和过渡的作用，透过自然光进行引导，也可使用连续的阴影来加强秩序感。在纪念性建筑中，到达主题之前或在各展览厅的交通联系部分，往往需要一个介于室内外的过渡性灰空间，在此空间中人们感受到阳光的遥不可及，促成了认知的转变。

建筑空间与光空间是一体的，光表现建筑的内在深度。光形成空间密度，空间中的密度感由空间界面之间的距离与光线的强弱所决定，极大的称之为虚空，极小的则称之为实体，虚空和实体是空间密度变化的两极。适当的空间密度感形成可感知的空间，空间的性质由界面和光的强弱共同决定。由于庭院亮度大，它的空间密度就

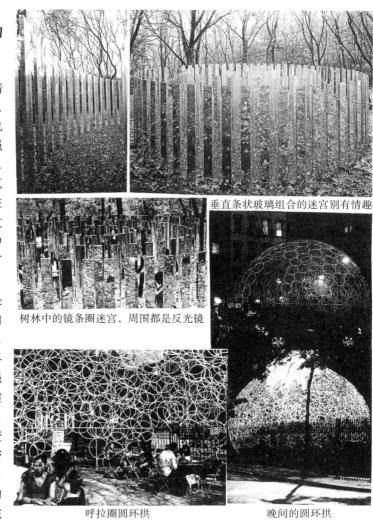

垂直条状玻璃组合的迷宫别有情趣

树林中的镜条圈迷宫，周围都是反光镜

呼拉圈圆环拱　　　　　　　　　　晚间的圆环拱

**图 4.20　镜条圈迷宫和呼拉圈圆环拱**

不同于室内空间，因此从室内进入庭院都会感受到两种不同密度空间之间的流动关系，这种空间的动态使人兴奋。日本的茶室光线以纸窗分隔，形成单色退晕的室内空间格调，自然光环境既是科学也是艺术。

　　闪亮的玻璃镜面是现代城市中时髦的艺术雕塑品，可扩大景观并给环境增添活力，"镜条圈迷宫"是在密林中的镜条环形迷宫。垂直条状反光镜组成的迷宫在绿林中闪亮发光，别有情趣。"呼拉圈环拱网"是2007年纽约艺术与建筑展室前面的临时性设施，环拱内可举行多种活动，其大约由1 000个塑料呼拉圈层叠捆扎在一起，环拱直径8.65m，每个呼拉圈直径80cm，表面被白色透明PVC塑料覆盖。夜晚的电光照明线绕在约200个呼拉圈的表面，光照使圆环拱看起来好像白色的肥皂泡（图4.20）。

## 3　光影塑造和光的语意

　　光的建筑意境即光与影的存在给建筑空间以无限的可能性，空间之意境亦随空间的气氛而建立，光与影决定空间的整体感受。光影塑造建筑空间：①光影可形成视觉焦点。②光影揭示空间的材质属性，粗糙的毛石、光滑的玻璃、柔和的木质、流动的水体都通过光表现和修饰。各种材料表层的质感、肌理和色影靠光来表现。③光影可形成建筑空间的序列感，光介入建筑空间使空间的节奏感和序列感更强和富有意韵，营造出空间层次。透光、反光、折光、滤光以及光的强弱、色彩、投射方向、明暗、阴影，均能营造出所需的空间气氛。

　　人的眼睛好像天生的照相机，有天然的由暗处朝向亮处的本能，这就形成了在建筑中的某些人们愿意逗留的场所。运用光线设计的明暗图案和人们在建筑中的活动流线相配合，运用光的引导使人自然而然地走向目标。因此，在室内设计中，考虑布置一些明暗交替的部位，运用光的效果创造明暗交替的图案。在环境设计中，使用阴影需要考虑好光源的方向，影子能够围绕物体创造出三度空间来。利用阴影的明暗对比能够显现层次，并把层次在知觉深度中呈现出来。黑色的阴影使物体表面看上去好像向后退缩，而明亮的部分看上去好像向外凸出，建筑上的阴影能够增强建筑形象的立体感。

　　光的语意可表述以下的精神含义：

　　（1）崇高、神圣的空间

　　顶部散射下来的光，神秘庄严，玫瑰窗彩色玻璃的光色，黑暗中似在梦境。

　　（2）幽深冥想的建筑空间

　　犹太人博物馆一条破碎的直线穿过一条延续的折线，二者相互游离，墙体与缝隙中透入的冷光让人沉痛、压抑。

　　（3）轻松活泼的空间

　　温暖的阳光，清新的空气，碧绿的山色，如同身处自然。

　　光的语意可体现文化内涵，如让·努维尔设计的巴黎阿拉伯世界研究中心的玻璃幕墙上面有源自阿拉伯文化可变图形的图案，精巧神秘，蕴含着对伊斯兰文化氛围的赞美。光的语意可寄托情感，光创造了生命伊始，通过感知光感知建筑，实体和虚体交相呼应，浑然天成。光负载了空间、建筑，更负载了人的精神。

## 4 闪烁的光线和空透感的简素之美

透过闪动的树叶的光线是美丽的，这种闪烁的光线给人以兴奋、和谐与愉悦之感，主要是由于光线频闪运动效果，闪烁的光线比较柔和。把窗户用小窗棂花格子来划分，遮挡一些直接的日光，犹如树叶的动态的光影，形成室内闪烁的光线，并呈现窗户上的黑白花格图案。建筑外罩的空透格架，玻璃天顶上吊挂的格架，都能形成闪烁光线的光影效果。在现实景观中，空透感是运用重叠法而产生的，在同一个位置上可以出现一个以上的景物，几个景物在一个投景面上的同一位置上相遇，这就是空透感，只有在表现透明性时才有这种重叠的效果，如玻璃、纱幕、水幕等。空透感没有观赏对象的明确性，而使景观处于一种模糊的状态。在现代派艺术中，利用重叠法使景观形成透明现象，造成一种神秘的虚幻感，也像镜子那样有扩大空间的作用。

东立面

斯蒂文·霍尔（Steven Holl）设计

西立面

光的简素之美体现古典美学原则，即朴素的色彩、抽象的形态，使建筑以大面积的阴影反衬，突出光线纯粹之美。安藤忠雄的清水混凝土墙面是光创造表面的材料，光消解混凝土僵硬厚重的形体变身为匀质、轻盈、细腻的感觉以表现光的变幻之美。光有模糊之美，禅宗观点认为模糊有"光"的境界，在审美中即为模糊、含蓄、朦胧之美。窗上糊纸对光的过滤，使得室内昏暗、退晕的光线达到模糊之美。

## 5 光与色

光线是推动生命活动的力量。人们把光线视为独立的视觉现象，创造出特殊的环境艺术效果，而色彩则与光同源。色彩与形状，人对色彩的反应，冷与暖，色彩的表现性，对色彩的喜好与心理，对和谐的追

教堂中的光影

**图 4.21　光彩集合的教堂**

求，色调、构成色素等级的诸要素等，都是环境艺术中运用光与色的"章法"。中国的古典彩画色彩，冷色与暖色在建筑受光与阴影的部位有鲜明的色彩对比。

"光线是建筑的灵魂"，天然光照度均匀、光色好、眩光小、持久度高。没有光就没有色彩，色彩之存在是因为物体吸收了其他颜色的光，只把某种颜色反射到人们的眼睛里。阳光由七色组成，自然光的强弱可影响室内色彩的明度、纯度和冷暖。阳光强物体固有色较浅，阳光弱固有色变灰暗，光线很暗固有色会消失。运用色彩也可以把建筑物与周围环境相融合，以便将建筑物隐蔽。

美国西雅图大学的圣·伊纳哥教堂由霍尔设计，是不同光线与色彩的集合体（图4.21）。从屋顶天窗投下的不同色彩的光在不同的房间中形成光的隐喻，面向东、南、西、北有不同色彩的光射入。设在天窗对面的遮光板漆以亮色，反射光的色彩，每个彩色的瓶状的透镜也反射丰富的色彩，教堂中光色的运用产生不同的光与色。东为蓝透镜的黄色场，西为黄透镜的蓝色场，紫透镜的橙色场，红透镜的绿色场，橙透镜的紫色场。这所教堂被称为"在石头盒子中的7个瓶子的光"。

人工照明要求保证一定的照度、亮度的分布并防止产生眩光，应选择优美的灯具形式，创造良好的照明效果，安全节约用电。在大空间建筑中要考虑亮度的分布，还应解决暴露光源的眩光问题，加大灯具保护角，提高光源悬挂高度，采用间接照明或漫射照明，使光源隐蔽，提高光源的背景光等措施。人工照明的类型可分一般照明、局部照明、混合照明。按工作面受光方式可分为直接照明、半直接照明、漫射照明、半间接照明和间接照明。

灯光照明设计的十大要素是：

（1）石头和钢材属于白天，灯具属于夜晚。

（2）灯具照明是创造空间的工具。

（3）只有人、建筑、景观需要人工照明，附属设施要淡化照明。

（4）空间的功能决定照明灯具的形式。

（5）灯具设计在满足功能的基础上，要达到舒适的效果，为空间提供新鲜的气氛。

（6）照明因时间而变化，如同日光在早晚的变化。

（7）街道灯光要体现街道空间的序列。

（8）阴影和灯光同等重要，设计阴影就是设计灯光。

（9）灯光设计从自然中来，可从自然中找到原型。

（10）灯具设计要考虑生态因素，光线与环境要和谐。

灯火属于一种现象美，现象美偏重于自然物的形式美，不论什么色彩，受照亮的部分，总比阴暗的部分鲜艳。因为光照使色彩变得生机勃勃，黑色在阴影中最美，白色在亮光中最明快，黄和红在亮光中最鲜艳，火花使万物渲染上了一层红黄色，无论哪一种色彩之美均与光线的照射程度分不开。夕阳西下，华灯初上，在黑暗中建筑披上了光的外衣，让人眼前一亮。城市着力打扮夜景，让乡村更乡村，让城市更城市，灯火在建筑中表达空间的情感。城市的夜景、街道的夜景，都使建筑的质感和色彩加上了一层光亮的灯火效果。光的载体与建筑相映生辉，夜景灯火照明揭示建筑的性格和文化艺术内涵，运用高科技手段提高城市景观照明的水平。

街道照明要考虑光的亮度与色彩、光照的角度、灯具的位置和美观等要素。街道照明一般是由上向下照射，用以照亮路面，也有由街道两侧向中央投光的，这时光线要求比较柔和，照度也应降低，不使司机产生眩光。在人行小路和观赏散步的路边设置的照明也有由下向上照亮的。在庭园或室内的花园中采用的天然光线也常模仿街道照明的投光效果，别有一番情趣。

## 6　从水设计

（1）水文生态

水是万物繁衍生存和人类文明得以孕育发展的基础。地球上的水分因热力和重力的作用在大气和海陆之间周而复始的运动过程称为水文循环。水文循环是自然界物质运动、能量转化和物质循环的重要方式之一，有了水文循环，水资源不断再生，生态系统得以正常运转。在城市与建筑设计中要考虑水文生态优先的原则，如果水文生态系统破碎、失调，会产生环境污染，亲水性降低。

（2）水的文化意蕴

吉地不可无水,古称地理之道山水而已,风水讲究"观山形察水势,未看山时先看水,有山无水休寻地","风水之法得水为上"。诸多择地论说概称水法，水为造就自然之血脉。在设计中水可界分空间，水体形象可让人悦情怡性。水与城市，水塑造城市的品格；水与建筑，水是建筑的灵魂，水塑造空间设计中的场所精神。水作为"虚"的景观要素，与建筑、雕塑、硬地面、绿化形成景观的虚实对照。城市选址都遵从山水格局，如"一城山色半城湖"的济南府。隋代宇文恺规划的大兴城（唐长安）依据龙首原等八岗地势和八水绕城入渭的自然条件，使唐长安城逐渐成为一个完整的园林体系，即一带、三苑、五渠、六岗、七寺、八水、十一池、十二村、二十一园的山林城市水系。

（3）水与生态过程和生境

水是可再生的循环系统，对水进行动力学模拟，增加水体循环的流动性，才能控制水源的水质，建立人工的水生态系统。地域环境及气候条件的适宜性对水的生态十分重要。

水是生态环境的最基本要素，是一切生物的生命之源。水环境的生态功能包括自然功能：河湖湿地、可改善气候、通风、增加空气湿度、灌溉土壤。生物功能：水生生物、藻类、鱼类、贝类、两栖类、爬行类、鸟类的迁徙廊道，这些都离不开水，河流两岸是生态系统最丰富的地区。人文景观功能：天然水体周围的自然风景极为珍贵。

水文过程指对河流地貌以及河网河段形态的修复。人类活动的土地覆被对水文过程有重大影响，如农业及城镇需水量的变化；径流水质的变化；下渗地下水补给对总水量的影响。

（4）水是能量循环的自然体

除了对水体意境的追求以外，水环境更注重用水去实现向大自然的索取与回报之间的平衡。城市与建筑成为一个水能量循环的"自然体"，把水、植物、阳光等自然生态元素合理、高效地运用在设计的人工环境之中。水的运动形态有液态、固态、气态。

（5）雨水收集与利用

雨水收集与利用要合理设置雨水收集口。水质型雨水口也称沉淀或油类分离器，为了减小地表雨水径流的流量和高峰流速，要考虑雨水截流，延长滞流时间，增大地下水补充量。种植植物，可截留雨水；使用可渗透地面铺装，可减少径流量，雨水渗透道的渗透浅沟，表面覆有植被或排入雨水渗透管沟。这些开放式排水系统可减少下放的洪峰流量、流速和径流体积，过滤污染物，补充地下水。雨水的汇水处理方法有过滤器处理法，收集、截污、储存、过滤、提升回用到控制。屋顶花园雨水利用系统可控制非点源的污染，屋顶花园系统可有效地削减雨水流失量，可就地渗入到储水池。在不可渗透土壤的低密度开发时，积水慢慢蒸发消失，尽可能滞流雨水。游憩设施应是水域管理的一项内容，池塘、水库、湖泊、河流和海洋，丰富多样的湿地生物、小舟、帆船、摩托艇，结合水域管理可打造成风景胜地。

植草的屋顶水被分散保留在含水土壤中，平屋顶有良好的滞水能力，通过蒸发回到大气之中，作用于植草的新陈代谢过程。小雨时水不外流，中雨时截流一半流量，大雨后，可延迟一小时或更多，此举可将全年的总排水量减少一半。稻草屋面排水更有效，对野生物更好，并有利于隔绝热心。采用渗水的铺地、绿色的小径，让雨水渗入土壤。在建筑方面，室外排水经管网输送到水点，净化处理后再重复使用。水源的种类决定取水构筑物的形式，有河床式、岸边式以及地下取水构筑物。

（6）水体景观与人居水环境

大自然无私慷慨地向人类献出它储存着的水的美，当人们漫步水边时可以领略水天相接的那种缥缈无垠的自然美景，水面赐予人类的美是令人陶醉的。就自然美和美感的关系而言，是自然美决定美感，而不是美感决定自然美。因此，在环境景观中，人为的水面设计和处理方法是重要的，观水美感的产生乃是主观对于客观自然美的反应。在传统的住宅或建筑群、园林苑囿中，水体景观与整体环境总是相互辉映，共同构成我国古代灿烂辉煌的建筑文化。

在西方的庭园环境营造中，人们更多地会利用各种手法，或利用台地形成叠水、瀑布，让动态的流水来活跃环境；或与雕塑配合，让喷泉、水池相映成趣；或积水成池，让平静如镜的水面倒映着四周优美的景致与建筑物。水作为可静可动的造景元素，在环境中变得丰富多彩。

现代居住环境中的水体景观不仅要注重水景与建筑环境的协调关系，更要注重维护整个居住环境的生态平衡以及水体自身的生态平衡（图4.22）。要综合考虑区域的气候条件、降水量、蒸发量、土壤情况、地质情况等多方面的因素，并以生态的原理维护水景。"坐拥水景"业已成为高品质生态住区环境的时尚特征。由于人们对城市生态环境的关注，绿色与生态的人居空间成为建筑与城市研究的重点。如何合理开发利用水体景观，对城市景观环境或整个自然生态环境都有深远的意义。

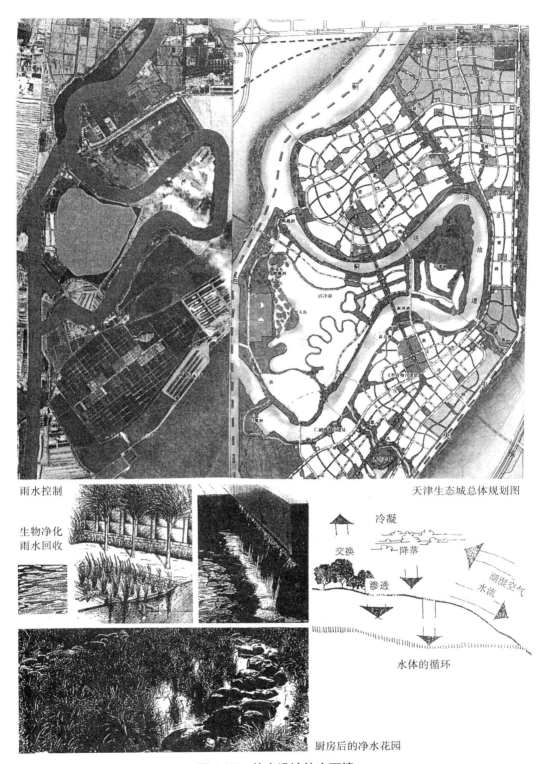

雨水控制

生物净化
雨水回收

天津生态城总体规划图

冷凝

交换

降落

渗透

潮湿空气

水流

水体的循环

厨房后的净水花园

图 4.22　从水设计的水环境

# 第五章　园林城市主义

## 一　园林景观概念的更新

从造园（Landscape Gardening）到景观建筑学（Landscape Architecture）再到景观规划（Landscape Planning），是景观艺术的发展过程。1959 年美国宾夕法尼亚大学首创城市设计专业，把城市设计从城市规划中分离出来。1986 年哈佛大学设计研究生院创立了景观规划新学科，景观建筑与景观规划分离。景观规划和传统的景观建筑学不一样，在景观规划中，考虑宏观的环境布局，它是景观专业向更大范围的扩展与延伸，包括土地利用、自然资源的经营管理、农业地区的发展变迁、大自然的生态平衡、城市和大都会区域性的大景观、大地艺术。

中国传统的"造园"学说和相地选址的"风水"学说都依托自然。"园说"中对造园地景的解释从园字说明，造园之布局艺术，虽然变化无穷，而其最简单的需求却包含在园字之内。繁体字的園字图解之，"囗"者围墙也；"土"者形似屋宇的平面，可代表亭榭；"口"字居中可视为水池；"𠂇"在池前似石及树。屋宇之前为池，池前为树石，一庭一院都是一个園字。地景园说没有离开大地上的自然网络，现代的园林设计凡山林江湖、村庄郊野，莫不为园。园建于平地者多，间有因山为园者，其起伏转折更为有趣，所以探求大自然中的网络地景是中国造园的基础。然而西方的园林设计理论则常常"我即是景"，主宰大自然。

## 二　从园林景观规划到园林城市主义

园林城市主义是个新思潮，其中的绿化内容比城市规划中的城市绿化系统或宅旁绿化的内容广泛得多。园林城市主义把整体山水城市构想纳入到以环境生态保护为主导的人和生物圈的城市生态系统之中，园林城市主义是人类对绿化认识的进一步发展与提高。面向大自然、面向大地、面向大众、面向未来，园林城市主义构成全球绿色运动中重要的、可以操作的部分。园林城市主义对大地园林化的目标是在保护生态平衡和改善人类未来生存条件的前提下，合理地利用土地。除了农作物以外，栽植的林木、果树和花草与其他改善大自然的措施如水土保持设施等，组成一个有机整体。减少自然灾害，生产林木、果品及其他林副产品，开展多种经营、结合居民点的规划建设和城市景观规划。

园林景观规划是由建筑学与地理学、生态学交叉的产物，景观规划的前身是景观设计。1711 年，艺术家称它为"创造景观的艺术"。19 世纪末地质、地理学家开始把景观归属与土地及其环境特性综合考虑。到 20 世纪中期，美国学者开始将其运用于建筑学中，开创景观规划与环境设计之先例。1969 年结合生态学的景观规划理论，首次在土地开发利用与环境资源保护之间建立起协调的关系。景观规划的基础是景观生态学，特点是：①注意把自然生态学与人类的文化美学结合在一起。②观察的方法是动态的、变化的、系统整体的，以人为中心考虑环境空间，把人与景观看成一个生态系统。③必须理解区域景观构成的特征、分布及功能与场所因素，寻求其间的协调。④要求人类介入的影响必须约束在环境容量之内。

改造旧城市，绿化美化居民区，促使城市乡村化，使城乡之间形成完善的生态系统，园林城市主义研究的目标如下：

（1）园林城市主义的发展将有利于解决城市中天然能源、自然资源和材料的过度消耗，为城市副食蔬菜供应和运输创造条件。

（2）园林城市主义要为人类的环境保护、促进城市乡村化创造条件。

（3）园林城市主义研究如何改善城市的自然卫生条件，包括：

①改善城市微小气候，包括温度、湿度、防风与对流、林带的布局对风速的影响。

②清洁空气、防尘、净化煤烟和煤气。

③降低城市噪声，阔叶乔木的树冠能吸收声音能量的 26%，其余的 74% 被反射和弥散了。在有高大房屋而无植树的街道上的噪声，比在沿人行道两侧充满植树的街道上的要高出 5 倍，这是由于交通运输发出的声波在建筑物墙壁间经由反射而增强。

④防旱、涝、火灾以及可加固坡地和水土保持。

西安世博园"漂浮花园"设计项目是园林城市主义的作品，从世博园的项目中看到城市大场所和景观之间的关系，把建筑作为景观的节点看待（图 5.1）。西安的大景观是通过一张"无障碍的大网"发展起来的。在中轴线的两边有两大主要的地形构造，采用这张大网设计理想的地形坡度，沿着菱形对角线，让游客能够舒适地步行到所有区域。修建延伸到各区域不同层次的道路，同时改善水体的坡向。

园林城市主义在城镇

阿斯塔纳公园鸟瞰图

西安世界园艺博览会"漂浮花园"

**图 5.1　园林城市主义作品**

和乡村中的景观开发与农业地区布局密切相关，我们不单只关注城市本身的新陈代谢，而且要重视城乡周围地区在人类进化过程中对自然生态体系所造成的影响。未来的城市人也要开发和耕种土地，促进自然生态的恢复与再生，和人类的家居环境重新建立密切的关系，即所谓的"城市乡村化"。现今发展的农业产品是市场化的高效农业，有高度的经济效益，农业景观与城乡的进步与发展同步，展现一种稳定的形式体系。景观艺术将跟随着耕种的生态原理而发展，园林城市景观在农业耕作的混合体制中，由大自然给传统的景观艺术带来了多种多样的差异性。

# 三　从风景陪衬建筑到建筑陪衬风景

## 1　从环境艺术到地景艺术

地景艺术和环境艺术最大的不同是地景艺术向更广大的时间与空间挑战，艺术家使用的不只是画笔、凿子、刀斧，还有现代技术的推土机、挖掘机等。地景艺术是更彻底的反画廊、反封闭性的展示，把艺术家的作品带到纯粹户外的大自然中去。著名的地景艺术家史密斯逊（Robert Smithson）在美国犹他州的大盐湖沙漠中，用石头做成1500英尺长的"螺旋防坡堤"，成为地景艺术史上的名作。地景艺术把绘画和雕塑放大到地理结构的尺度，用现代科技的各种媒体在地面上进行大跨距的造型工作（图5.2）。地景艺术的发展与史前人类活动在地表遗留的痕迹有精神上的感应，遗址、废墟，都曾经是在此生活过的人类努力、繁荣的印记。然而古代文明消失了，剩下的只是非常简单、不容易被察觉的一些遗迹，这些遗迹使人仿佛可以缅怀过去的文明，又仿佛伤感于文明的消失。

现代雕塑艺术由观赏艺术发展到环境艺术，又进展到装置艺术，人们由静态的外

"飞行的想象"

"现今的秩序是未来的无秩序"

石头地面纪念碑

图5.2　大地艺术

部观赏发展到融入环境中的艺术体验，又进展到身处其中的装置艺术。雕塑演变成了地景中的一件装置（图5.3），人们可以活动于其中，感受于其内外。同质异晶体（Paramorph）是一件像门道似的装置，布置在伦敦南岸的公园绿地之中，这个如同捕鼠器门道式的装置，在公园中既有装置雕塑艺术的含义，又兼取大自然风声的共鸣器，发出微风中的声响，又像是横摆绿地上的抽象的花瓶。当人们穿行其中时会有片刻的声音感受，是大自然的声音景观，又有闪烁光感的效果。这种通过式的门道形式因为可塑形材料的光感特性，可选取多样随意变化的外形，被称为形式化的多样处理，取得无限的塑形空间形态。图5.3是伦敦地景装置陈列室采用纯粹主义手法设计的装置艺术作品。从艺术品、室内设计、环境设计、城市设计角度都能表现这一现代装置美学的新观念。

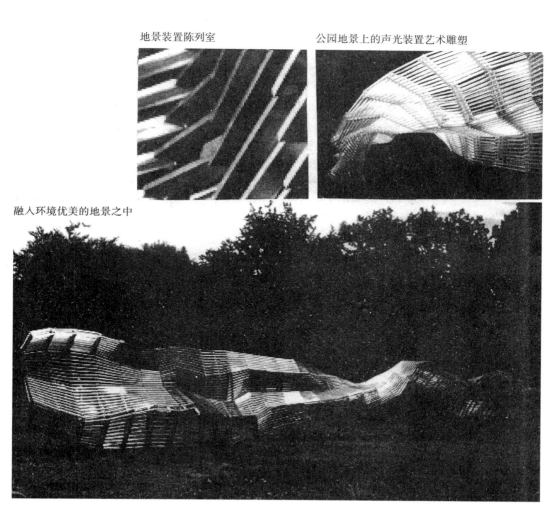

图 5.3 地景装置陈列室

## 2  陪衬风景的木头空廊和木屋

现代数字化技术引发了设计全新的空间理念，开创了人们全新的审美方式，人们对网络时代信息符号的阅读、使用、自由操作，使传统的空间的形式与功能、物质与精神、主体与客体的关系发生了变化，就连情感空间的概念也发生了很大的扩展。在信息时代，虚拟的情感空间在人们的生活中起着越来越重要的作用，它或真或假、或虚或实地存在于人们的身边，丰富了人们的情感生活和精神世界，带来了新的观念、新的感受和新的生活方式。现代主义的地景空间设计的视窗操作取代了传统的手工设计方法，信息网络的繁荣，使"虚拟空间"、"数字建筑"、"网络地景"成为设计领域中的新生概念。

现代主义地景空间的网络技术创造了与古典主义图形语言不同的自由空间、变化着的动态空间，其追求变化的新思想，对设计领域的革新有重要意义。西方古典主义的园林景观理论认为大自然中的空间只有得到清晰的界定才能被认知，如在法国古典主义的代表作品"凡尔赛宫的园林空间"中这一点就体现得淋漓尽致。但从现代主义的地景观念看来，景观空间应该是自由的、有生命的事物，正如美国著名景观建筑师哈普林（Lawrence Haprine）所说："空间互相流动，应该没有边界。"他创建了城郊复兴规划新体制以及与花园式居民区配套的公共中心，使超级市场和文教机构与高速公路相连接，并完善了区域性的绿化规划。他主张设计应追求自由流动，成为一个时空连续的整体空间，否定传统静态的焦点式空间组织模式，认为应在大自然中寻求和界定自由的地景空间。这些都是现代主义地景空间不同于古典景观设计的重要特征。这种创新空间的设计理论，在现代网络与数码技术的推动下，衍生出一系列新的空间设计模式和手法。

公园中的木框架走廊，弧形木架通廊布置在公园密林大草坪的边上，是一处象征性的木头通廊，引出曲形的毛石铺地路径（图5.4）。路边点缀一些粗石，扩大了中央草坪的空间，小中见大，凸显了草坪中央的焦点大树。空透的木框架

**图 5.4　木头空廊融入绿地之中**

像是地景中的木头装置艺术品，公园中的木制玻璃小屋内设取水装置，屋旁摆设一组同样的木构架与之呼应，小屋寓于大自然景观之中，与环境融为一体，在夜晚的灯火中木头小品格外耀眼。

# 四　绿色建筑

## 1　什么是绿色建筑

绿色建筑指对环境无害，充分利用天然能源，且不能触动基本生态平衡条件的建筑，又称可持续发展的建筑、生态建筑、回归大自然的建筑、节能环保建筑。绿色建筑的内涵是：①减轻建筑对环境的负荷，节约能源及资源的消耗。②安全健康，有舒适良好的生活工作空间。③建筑与大自然亲和共处。

绿色建筑有如下的特征：①适应自然地理条件，土壤中无有害物质，地温适宜，地下水纯净，地磁适中。②采用可回归到大自然中的天然材料，对人体无害。③利用太阳能、风能等循环能源。

绿色建筑是当今全球建筑发展的方向，大力发展绿色建筑的策略应该是：①加强全民的绿色意识。②完善相关设计法规，建立有效的激励机制。③加快绿色建筑评估体系的开发与实施。

高层高密度的绿色森林楼群是2000年威尼斯建筑双年展中，韩国展出的一项2026年未来绿地中的绿色社区构想，公园绿地占地39hm$^2$，设计目标是把新的居住空间与公园绿地融为一体。"城市中的花园"是全新的绿色设计理念，最小的居住细胞包括一间卧室和浴室，安置在像旅馆的高层塔楼之中，共15栋塔楼2 500户。其间以多种方式进行水平与垂直连接，其他设施可满足居民的各种社会功能需求。塔楼的植物绿化立面与公园中大地的整体绿色织网结构成为一体，塔楼内有良好的采光和内外的视景（图5.5）。

绿色建筑要具有像生命体那样绿色植物的表皮，具有可感应外界环境的墙体和可呼吸的屋面。

（1）绿色植物和建筑结合

把植物绿化层作为建筑表皮的保护层，能挡风雨，减轻墙面骤变的冷热作用，像夏季降温，冬季落叶不影响吸收阳光。可降噪除尘，增湿调温，吸收有毒物质，改善建筑内的微气候。屋面、墙体、窗体、阳台、走廊、遮阳构件、室内空间、外部空间的种植都能将植物的生长形态与色彩融入建筑。

垂直绿网建立了居住塔楼

**图5.5　绿色的居住塔楼设想**

（2） 屋顶绿化

屋顶绿化有苗圃式、棚架式、艺术园林式、蓄水养殖式。

（3） 墙面绿化

墙面绿化指在墙体、柱、阳台、窗台上的垂直绿化，有附壁式、悬挂式、格架加花盆、模块化墙面绿化、铺贴式墙面绿化等。要建立墙面绿化的系统，包括植物层、植物生长层、灌溉系统、防水层、固定系统。伦敦雅典娜酒店，共八层，围墙上铺一层铝制框架固定一层塑料，表面的灌溉系统提供溶液肥料及水分。绿地 80％ 为常绿藤类，多在楼层底部，墙面的阴影部分适合亚洲荨麻的生长。

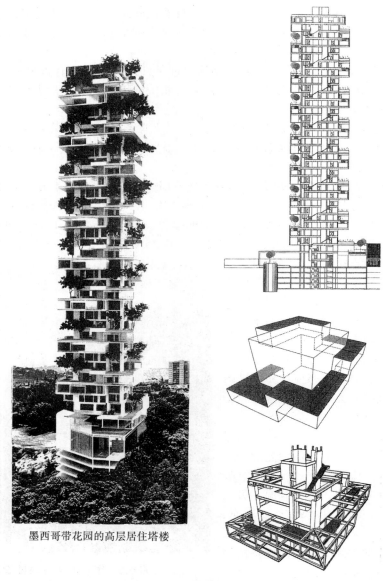

墨西哥带花园的高层居住塔楼

图 5.6　现代绿色高层公寓

台湾诚品书店由废旧停车场改建而成，墙面根据不同湿度光照选择不同种类的植物进行配置，由金属框架加 PVC 面层和 3mm 厚织布毛毡层再加上支架上埋藏的输水管线组成的这一维生装置使植物可垂直向上繁衍生长。上海世博会主题馆的植物墙面的菱形钢网上，种植模块镶嵌在网格中，模块间距 50cm。墨西哥带花园的高层居住塔楼中，环保的纸花盆作为栽培的容器（图 5.6）。绿色建筑设计应注意四点：①墙面的防水保护；②植物属性的选择；③蚊虫防治；④植物的养护。

## 2 绿色建筑技术

绿色建筑技术不是独立于传统建筑技术的全新技术，而是用"绿色"的眼光对传统建筑技术的重新审视，是传统建筑技术和新的相关学科的交叉组合，是符合可持续发展战略的新型建筑技术。

绿色建筑技术涉及建筑学及相关学科的许多基础理论。如生态系统循环理论，包括生态系统物质循环规律、能量流动转化规律、气候变异规律、建筑中能量转换传递规律、建筑物与外部环境热湿交互使用规律等。

绿色建筑技术是针对现阶段建筑存在的耗能大、对人们身体健康不利等问题提出的。所谓绿色建筑技术是指应用这一技术建造的建筑，拥有健康、舒适的室内环境，与自然环境协调、融合、共生，在其生命周期的每一阶段中，对自然环境可以起到某种程度的保护作用，协调人与自然环境之间的关系。

德国法兰克福商业银行总部大厦是利用高技术的气候效应生态高楼，内设分层的花园天井自然通风（图5.7）。伦敦的主教门大厦的西南面墙面上设太阳能集热板，大厅有露天花园，可促进自然通风与室内外的热循环。

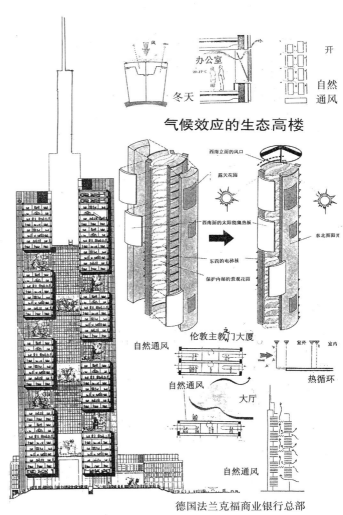

**图 5.7 气候效应的生态高楼**

## 五 有生命的城市绿道、蓝道、斑块、廊道

### 1 绿道网络

绿道（Greenway）强调绿地的线形空间形态，服务于自行车、步行等休闲游览功能。在较大尺度上有多条交叉的绿道称为绿道网络，一般指：①依河滨、溪谷、山脊等自然廊道或用于休闲的废弃铁路、运河、风景道路的线性空间。②供步行和自行车使用的自然式风景路线。③连接公园、自然环境、文化和历史节点以及居民区的开放空间。④作为绿带或公园路的带状公园。相对绿色空间概念，绿网概念在空间组织方式上更为明确，绿道网络规划比传统的绿化系统规划在生态方面有深度的提升。现行的城市绿地系统规划只有总量和人均绿地面积，当绿化覆盖率小于40%时，绿地系统内部结构和空间布局状况对总体生态效益的发挥更为重要。

野生动物生境保护和水资源保护是绿道网络规划的核心内容，河流廊道是绿道网络的重要组成部分，野生动物行为和流域尺度的河网完整性是绿道网络设计的依据。

### 2 生态过程与斑块

注重生态过程是规划设计绿道网络在空间与时间尺度的协调，城镇生态系统的基质是人工建成的环境，生境斑块孤立且不连续。由于人类开发导致生物栖息地破碎和绿化斑块孤立和基质隔离情况，类似海洋中的岛屿。斑块规模、间距及其连通度，对动植物种群续存、物种保护有重要意义。因此通常斑块策略要优于廊道策略，廊道的长度与宽度有生态学明确的意义。增加斑块面积，提高斑块质量，增强连接和减小间距对于生境网络来说，是减小生物灭绝和促进生物迁入的手段，廊道则是联系破碎化生境斑块的手段（图5.8）。水文过程是生态过程中重要的内容，河流地貌形态直接影响流域与河流蓝道的生态修复，涉及水文过程、生物群落以及景观审美。要保证河流蓝道生态系统完整性的最小流量、河流形态和污染物浓度是可控的生态要素，河流形态修复是生态修复的重要手段。

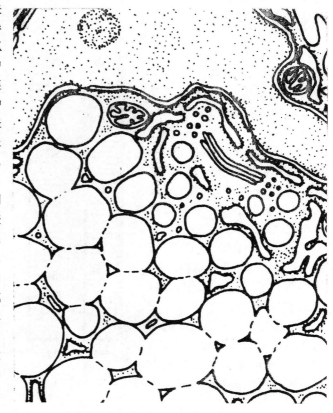

**图5.8 大自然中有生命的斑块**

## 3  生态廊道

"生态廊道"既能连接斑块，又能使特定物种在斑块间迁移，将小种群连接，增加种群间的基因交流。城市是一个典型的人工干扰斑块，是一个由基质、廊道、斑块结构要素构成的景观单元，它们共同完成城市系统所承担的生产生活及还原自净功能。其中城市绿地廊道指城市景观中线状或带状的城市绿地，分为绿道和蓝道两类。城市生态廊道的功能：① 保护水资源和环境完整性。② 保护生物多样性。③ 缓解城市热岛效应。④ 为城市居民提供生活、休憩环境。

城市生态廊道宽度设计：① 河流保护型廊道。当河岸植被宽度大于30m时，能有效降温，增加河流生物的食物供应，有效过滤污染物；当宽度大于80—100m时，能

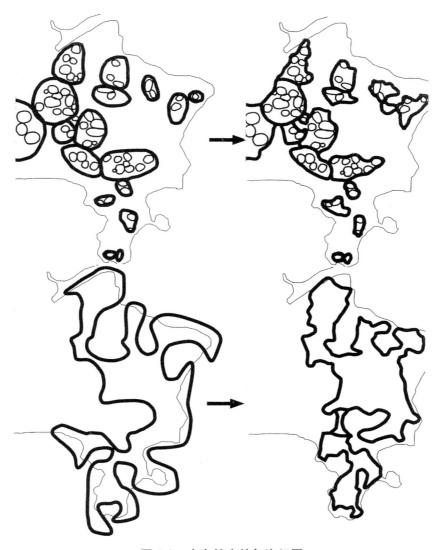

图 5.9  大自然中的气泡组团

控制沉积物及土壤流失。②生物保护性廊道。宽 10m 或数十米，可满足鸟类迁移要求，大型哺乳动物需几千米甚至更远，同一物种因季节和环境不同，所需宽度也大有差别。③环保型廊道。可改善小气候，需达到 30% 绿地覆盖率，一般不小于 20m。可净化空气，林带宽 30—40m，一条 90m 宽的林带不如各 30m 宽的林带。可隔离噪声，一般不超过 50m。④游憩使用型廊道。受开发理念、功能及城市建设限制。

城市生态廊道的网络设计：①内容：格局分析、空间特征、内部特征。网络指标有连通性、环度、结点、网状格局、网眼大小及廊道密度、量化计算。②网络设计指标评定：将绿地斑块抽象为点，廊道抽象为线，通过图形计算网络结构环度指标。③廊道结构指标有：宽度、组成成分、内部环境、形状、连续性等。④网络结构指标有：连接度、线点率、闭合度、数量、长度、宽度。

## 4  大自然中的气泡组团

2004 年青岛滨海沿线的田横组团规划方案超凡脱俗，其规划思想的核心不是城镇而是首先规划大自然。在当今快速发展的乡村城市化过程中，这一规划有超前的生态意识，规划中以道路围合地块，把地块分割成不同大小的组团，称大自然中的气泡。每个组团像生物的胞体一样以道路围合（图 5.9）。它制约了城市未来无序发展的可能，避免了可能出现的摊大饼或病毒式扩散的发展模式，从而能够保护田园城市的自然风光。规划中城市的开发不再使原有城镇简单地向外扩展，而是在田野中建造一个小城市的线性网络体系。在自然网络带、山体、水田的边缘建设高速环路，形成自然风貌带的保护膜，这样既可保护膜内的生态秩序，又可将其作为游览的通道。再用道路把这些孤立的气泡联系起来，就形成了生态综合体及游览通道网络。大自然中的气泡生态规划首先规划的是大自然的生态网络。

# 六  工业及农田景观

## 1  工业景观

工业景观（Industrial Landscape）以德国的埃森关税同盟煤矿工业区总体规划为代表，由库哈斯等人设计。1988 年德国的关税同盟煤矿停产，5 年之后全部关闭，一度闻名于世的鲁尔工业区退出了历史舞台。2001 年 12 月联合国宣布关税同盟煤矿是世界上工业遗产的纪念性遗址，应保留下来，以当时大都会建筑事务所（OMA）的总体规划为基础，于 2010 年逐步完成其保护与更新计划。因为这一总体规划保存了老的传统内容，并且其未来的发展与世界遗产的目标相一致。总体规划围绕以前的历史地段，纳入新的功能项目，修复原来遗存的工厂轨道，为新增的园林公共空间服务。把其中主要的厂房连接起来，把原来厂区运煤的天桥轨道改作旅游者的观光天桥，把原来储存物料的巨大混凝土料库改为各式各样的露天花园，人们可以在原先的几百米深的矿坑隧道之中游览。把老厂房建筑与新建筑和园林设施完美地结合在一起，给旅游者留下了深刻的印象（图 5.10）。在关税同盟煤矿的内部及外围布置了多项新功能，以老旧建筑的场地吸引游人。新项目的策划与旧建筑新增的内容大多与文化艺术内容相关。新建的道路与对外的高速路有便捷的交通联系。当今世界上类似的工业景观已层出不穷，成为风景设计的重要内容。如石家庄西部山前矿山地质公园规划、北部废旧矿山环境改造，德国海尔布隆市砖瓦厂公园，西雅图煤气厂公园的保留、再生利用等。

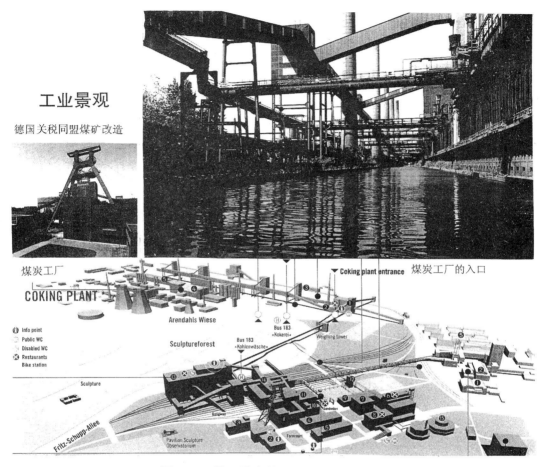

图 5.10　德国埃森关税同盟煤矿博物馆

## 2　城市农业、城市果园

农田是以自然界中的水、光、空气为依托，人工栽培而成。传统意义的农田又称耕地，指种植农作物的土地，在城市规划的 9 大用地分类中农田没有一席之地。20 世纪上半叶，"城市农田"率先出现在欧美、日本等发达国家的城市中。城市农田以城市土地为依托，立足于生产、生活、生态的结合，融合现代农业、乡村文化、观光休闲、环保教育、农事活动于一体。都市农田理应包含在城市的土地利用规划之中。

农田景观设计与农业文明有关联性，中国古诗中的风景描写都离不开梅、橘、桃、李、稻田、芦苇、桑、茶之类。现代农田融入城市之后带来经济效益，农企可为城市创造新的就业机会，可加工不耐贮存的新鲜农产品，避免长途运输费用。城市中的农田、果园以观光、旅游、体验等形式，可为市民提供新兴的休闲活动（图 5.11）。农田景观也有生物多样性的生态效应，麻雀、昆虫等多种生物可与之共生，带来城市中的自然生命景观，是体现地域性特色的生产性景观。

农田景观有地域性、季节性、生长性、审美性等多种特征，如薰衣草的清香、稻田中青蛙的叫声。向日葵分布在我国东北、西北、华北广大地区，易于成活；野外生长的大茶树、玉米、水稻、油菜花、桑树、桃树、梨树，形态花期不同可形成色彩变换的街景。山东蓬莱海滨标志性地段城市设计，强调和利用城市中的现有葡萄园，提升了地产的价值；设计中还充分考虑了葡萄种植的景园色彩效果，改变以往大拆大改"城中村"的做法。新疆吐鲁番建设的葡萄架下的慢行通道，使行驶在闪烁的光影之中的人们眼前一亮。居民社区中的农田果园景观，宅前屋后的菜地，屋顶农地，能使城市人重新回归消失久已的农业文明。

农田景观的种植内容丰富繁多，乔木有：桃树、橘树、枣树、柿树、桑树、梨树、枇杷树、海棠树等。灌木有：玉米、茶树、向日葵、薰衣草等。地被植物有：油菜花、白菜、黄花菜等。禾本科植物有：小麦、水稻、芦苇、茭白等。藤本植物有：葡萄、猕猴桃、沉水植物等。

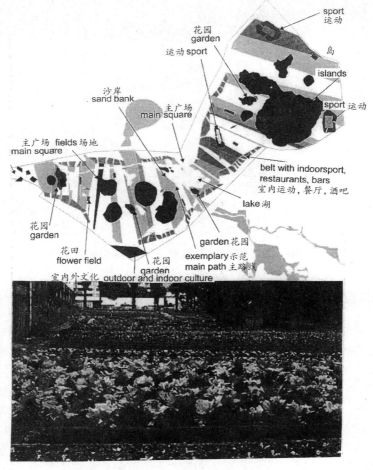

**图 5.11　漫步在田野中**

## 3 稻田中的曲线公园

2007年8月，韩国政府新行政首都世宗的城市中心绿地空间规划国际竞赛根据环形城市结构形态，拟建6.9 km²的城市中央开放空间。"千城之城"城市规划以环形的25个居民点包围中央的稻田农地，是城市规划"城市包围农村"独特创意的布局。"稻田中的曲线公园"方案（图5.12）规划以水平的大片稻田为基本准线，开发三维度的土地曲线，形成水稻田中的大公园。规划25个居民小镇围绕稻田，每个小镇2万人口，共50万人口。环形山脉似的高楼防护着农田；市区与乡间有28 km的长主环路，60 min内可达任一地区，乘坐轻轨只需10 min。内锁农业空间的城市，向农地开放的规划策略面向未来。世宗总体城市规划要求保护环形城市中心区的水田，保护宽广的农业生态体系。曲线的农田公园组合中以人行为主导，建立方便的人行和自行车的网络系统，把中心绿地散步区域和环形道路的绿化空间紧密联系。这种无限形式的公园能够灵活增长，由现存的农田小径可到达节点单元，曲线公园中的节点单元也可以很容易地转回到稻田中，也很容易改变其形状和大小。现存的水稻可卖给居民，可为厨房、花园所用，这种公园体制可由居民自行组建。

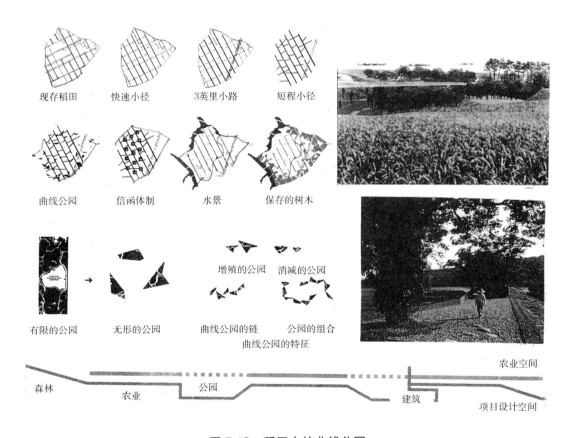

图5.12　稻田中的曲线公园

"蜻蜓建筑"设想被称为城市农业中竖直式的代谢农场，建筑顺从于现代城市农业，是城市中生态和食物自给自足的设想（图5.13）。设想把住宅、办公、实验室等综合项目混合建于垂直的悬挑的楼层之中，蜂窝式双层构造的"蜻蜓"翅膀内部可提供太阳能内部的温室气候，营造农业种植环境。垂直的农场具有可持续发展的条件，有按季节的多种农产品及植物所需的昆虫等物种的生存条件。建筑可以自我循环生长并利用居民及其他生物的废料，保持能流的再生，维持有效的24h自身生态循环体系。仿蜻蜓式农业建筑中有舒适的社会生活、休闲空间，让人们如同生活在果园、农地、田园、花园之中。

# 七 表现生命景观的果园小品

## 1 人和生物圈

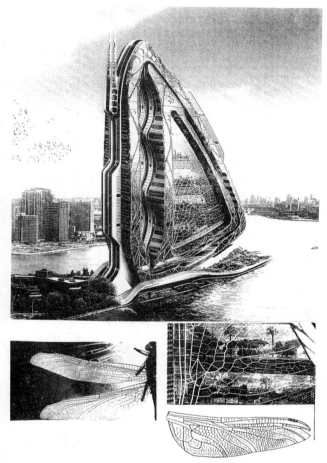

图 5.13 "蜻蜓"城市农业建筑设想

人和生物圈（Man and the Biosphere，简称 MAB）是生态学发展至今的研究方向。1896 年人们创建了生态学，经由自然生态、同步生态、生态体系、生物圈的研究发展至今天的第五阶段——人和生物圈的研究。人为万物中之一物，把人纳入生物圈之中，才有了生态城市体系和生态建筑的研究方向。植物、动物、人，一切生命都是构成生态环境和生物多样性的组合部分，动物多样性的缺失会造成生物链断裂从而引起相关的灾害。

日本某市将入海口处有限的海岸线开发为旅游项目，拟建湿地野鸟公园，使鸟类与人类两方面都形成美的风景，鸟来了，人才会来。以生物为轴心的风景称为"生命景观"，只有营造生物喜欢的栖居环境，才能表现生命景观的层次与厚度之美。人类的城市在生物眼中非常难看，设计师与鸟类之间是两种平行的视感，没有对话、没有交流，而彼此都在观察着对方。空中鸟类的眼睛俯视着具有美丽图案的大地，人们只是在大地的迷宫中蠕动，天上的那只眼睛本来应该是设计师的，却被铅笔画在了图板上，在鸟看来这是很奇怪的人为景观。如果设计师变成鸟，能够自由飞翔，就不会出现现存城市规划中的几何图案。

野鸟公园在填海造地上至少需要 5 年的奋战才能恢复生物栖息的树林和水滨，只有积存雨水才会有淡水池和野草丛生的空地。需要调查规划范围内治理后的水质和动植物分布与生存状态。经过重新整治后，原来的沙砾地、泥湿地、芦苇和香蒲恢复为潮汐的沙滩、湿草地、草地，这样平缓的内陆沙滩才会重新出现。200 m 潮位差至少需要千米的用地范围，为了将潮位控制在 1 m 以内，至少需要建设多处水门。在湿地生态恢复中要考虑动植物两方面的再生能力，建立生物喜欢的生栖环境，要看什么物种、环境能恢复到什么程度来制定目标。至少调查当地 70 hm² 范围内数十种鸟类连续 3 年的生栖情况，需要特意加长水边的林草部分来确保 25 hm² 范围内的鸟类生栖用地。确保这 25 hm² 的淡水、泥湿地和内陆潮汐沙滩，拥有双重生态环境的生长区。由于风浪会造成沙土移位，抑制海岸沙砾地的植物生长，因此需要依靠人工进行沙地搅拌、湿地耕种、割草、除草等。野鸟公园的生态林地环境剖面是由树林地、淡水泥湿地、淡水地、高茎草本植物地、内陆沙滩、沙砾地、岸边沙滩构成。在平均高潮位与平均低潮位之间，要分段设计地坪的起伏，创造理想的食物链系统。

## 2  鸟园公寓

鸟园公寓让人和鸟愉快地住在一起，项目完工于 2007 年 5 月，位于日本东京的城市中心区，那里有 15m 高令人惊奇的大树，成行地排列，约 40m 长，使在此建设人鸟公寓成为可能。设计师使用莱赛光点测量法确定大树所占空间的位置状态，然后探讨大树的生长条件，使房屋结构墙不伤及树根，再认定风暴时树冠的活动范围，保护树与房屋以及树间的空间（图 5.14）。总之大树枝叶悬挑占据的体量所剩余的空间才是人的居住空间，每间房屋的墙面都很小，就像鸟巢似的，但能像树屋那样以大树和房屋共生。鸟园公寓不仅为人所居住也是鸟的居所，鸟与人共生。通常建筑只为人类设计，这个项目使更多的人认识到建筑也要包括植物和动物。如果我们用简单的话来形容就是"这里有舞蹈的大树和唱歌的鸟"。

鸟巢

图 5.14  鸟园公寓

## 八　表现生命景观的园林小品

　　人们今日崭新的宇宙观认为人和自然不是分离的，而是"人即自然"，任何形式之美都离不开对自然的形态追求，景园小品是描述自然不可缺少的组成部分。

　　园林景观小品的形式繁多，植物绿化装饰是园林设计的基本内容，成功的绿化小品景园栽植有特殊的审美效果。雕塑小品的艺术形式也和自然界形态相联系，可唤起人对自然界的亲近感。例如花岗石光滑地面、墙面与植物配置的细部设计，墙脚屋边水生植物沟槽的细部设计，以木条组合的抽象雕塑"集合"，以悬吊大树树干的抽象雕塑"Log"，粘贴式的符号小屋，仿生形态的网状"张力"，抽象仿生的"时代永恒"，抽象仿生的"再会面之差异"，水生卷须，生物皮肤，断裂的泡沫，茧蛹之星等都是当今新潮的表现生命景观的城市的景园小品（图5.15）。

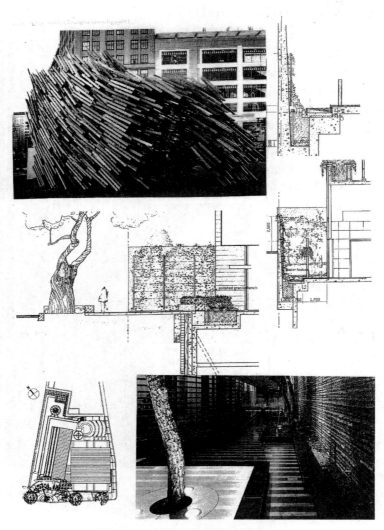

**图 5.15　表现生命景观的景园小品**

# 第六章　建筑学中的文化情

## 一　建筑是文化的存在

### 1　城市与建筑的文化特征

　　联合国教科文组织（UNESCO）把建筑学定位在人文科学（Human Science）范围，说明建筑的文化意义。查里士·摩尔（Charles Moore）在《人类的文化能量》一书中写道："我们的建筑如果是成功的话，必须能够接受大量的人类文化能量（Human Energy），并把这些能量贮存凝固在建筑之中。"因此，建筑师首先要做的是要创造一个文化的空间，建筑文化的创造在于对传统的抽离，不是文化的移植，而是文化杂交以后的提高，达到一种"超越"。城市的文化特征指城市体中各构成要素蕴含的一套文化象征体系，是城市可见的特征，以物理特征引发"文化的联想"。在城市体中有需要型联想——根据需要等级理论，有生理、安全、社交、心理、自我完成等需要的联想；还有价值型联想，如经济基础、期望值、增进精神健康、政治秩序等方面的联想。其中有强烈的、微弱的、隐形的、管理方面的，还有被忽视的价值。这些文化联想都是城市的功能特征。

　　建筑风格是城市文化风貌的基础，文化特征是城市最深刻的特征，城市风貌的建立是以城市建筑风格的发展演变为中心的。

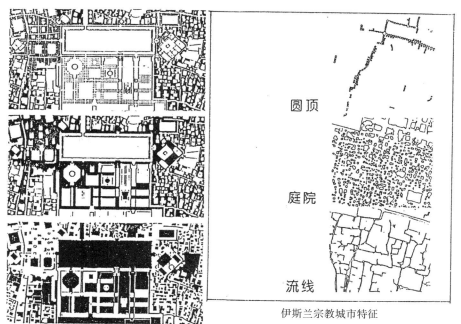

伊斯法罕的传统广场

伊斯兰宗教城市特征

**图 6.1　建筑是文化的存在**

（1） 建筑是文化的存在

建筑师是文化的创造者。建筑文化是社会性的，同时又对建筑的创作有深远的影响，建筑师有创造文化的能力，建筑文化反映时代的特征。例如伊斯兰宗教城市的文化特征在圆顶、庭院、流线方面表现特别鲜明。（图6.1）

（2） 建筑是历史的存在

建筑可以决定城市的历史，又高于历史；建筑依赖历史的发展，又被历史所限制；建筑反映历史时代的特征，城市是历史性建筑的拼贴。例如"文革"时期留下的集权主义式的建筑已成为历史性的建筑风格。

（3） 建筑是传统的存在

传统是由社会、历史所沟通的文化渠道的延续，建筑受传统的制约，又超越传统，传统需要代代相传，建筑具有功能性的传统。

## 2 文化符号与文化景观

什么是文化？"文化"（Culture）一词有多种含义，如文化是一种学习和制造的工具，特别是制造定型工具的过程；文化是一定民族生活习俗的方式；文化是一种复合体，其中包括知识、信仰、艺术、道德等因素；文化是一切人工产品的总和，包括由人创造并能向后代传递的一切事物。不管对文化如何理解，有一点可以肯定，人从来不是被动地接受客观物质世界所给予的"事实"，人类在漫长的历史长河中，创造了无数光辉灿烂的文化现象。人、符号、文化是三位一体的，即人运用符号创造文化，一切文化现象都是人类符号活动的结果。人类运用符号表现各种不同的需要和经验，人的最大特点就在其符号活动。人类历史经历了无符号阶段→符号阶段→超符号阶段→解符号的阶段→再度符号化的阶段。

符号就是人与外在事件按照一定的规则发生关系时所表现出来的主体感知现象，符号之形态可概括为精神化符号，如宗教、哲学、科学、语言、艺术等；物态化符号，如器具、建筑、兵刃、船只、服装等；行为化符号，如社会组织方式、生活习俗、道德礼仪等。这三种符号形态，包容了关于文化的全部含义，它们之间并非截然不同，事实上，许多符号介于多种符号形态之间。历史上的古城遗址都体现了当地的物态化文化符号（图6.2）。

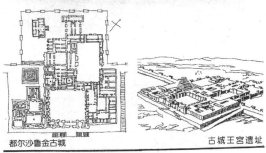
都尔沙鲁金古城　　　　　　古城王宫遗址

图6.2　都尔沙鲁金古城和古城王宫文化遗址

文化景观强调文脉、传统、地域性文化的源与流、宗教、历史、民俗等。人文主义思想的延续，无论什么年代都是永久性的课题，人们对传统风格的鉴赏往往超越对艺术领域里的共存。凯文·林奇（Kevin Lynch）说："城市应是这样的，以艺术手段来造就，为人类目的而具象。人们今天变得更现实了，也更尊重人与自然之间的微妙关系。"当今的城市发展，大城市、大都会带已成为现实，城市化应告一段落。人们在对未来的生存环境的探讨中，仍然有极大的欲望去观赏自然，对"日照"、"风雨"、"山脉"、"水体"的存在，对土、石、木、植物、动物、新鲜空气，有极大的渴求。因此城市的文化空间必定要反映人类回归大自然的这种渴求。

## 3  建筑与文化

建筑文化指建筑有个性，又有文化性，建筑文化是个大范围，不单是传统文化，建筑与环境的协调配合也是一种文化观念。建筑不管是好是坏都是文化的表现，文明的、好的建筑必然是尊重环境的。所以，建筑环境就是文化环境。

建筑的第五度空间是文化环境。建筑具有精神方面的符号意象，未来的建筑思潮的灵魂是建筑的文化性。后工业时代人本主义的兴起，必然是建筑文化与生态的新时代，必须引入社会学的空间概念，才能说明空间环境的文化性质。由于建筑师的职业特点，视觉形象常常成为抹杀文化性质的包装，人们对文化环境的认识不单只是视觉形象，建筑师要通过传统的抽离（Absence of Tradition）将自我提升至现实以外的境界，从而达到一种超越（Transcendence）。文化环境不是视觉的形象，而是设计师工作思考的过程（图 6.3）。

人们对建筑美的欣赏不会停留在一个时刻上　　　　　　　　　　　故宫中的人群

**图 6.3　北京故宫代表中国的建筑文化**

### 4  大地的文化脉络与建筑

大地建筑学把文化沿革视为时空系统，建筑在时空环境脉络中占有一个点，建筑创作要寻找文化的痕迹，以建筑对环境脉络所产生的效果来评价。社会传说、名人故事、流传于民间的民俗文化，也常常是构成环境脉络的一个方面。传统建筑师的职业特点只侧重对物理环境的思考，而忽略文化环境，忽略人性化的追求。大地建筑学的基本概念其实是强调文化环境与物理环境融合，又不断地被创造。建筑的传统风格不仅体现在外部形式上，还表现于建筑的内在文脉关系上。

### 5  仿冒文化"欧陆风"，中西融合不是大杂烩

许多设计师始终"致力于"效仿国外，如20世纪50年代的全盘苏化。20世纪80年代后现代主义进袭大陆，解构主义还没有来得及跟上，全国各地又冒出了一股来势凶猛的"欧陆风"。从大城市到乡村，不论是城市设计还是单体建筑，从业主到官员，都异口同声地要"欧陆风"。什么是"欧陆风"？从理论上说，欧陆风是早已过时的西洋古典主义风格，为何它受到中国官员们的如此青睐，谁也说不清道不明。但在现实的建筑中，出现了各式奇异的欧陆风包装，如柱式、山花、瓶饰、希腊女神，就连中国的石狮也变成西洋的石狮了。天津一幢20世纪60年代的旧砖混结构办公楼加上柱式门廊等外包装，就像是租界时期洋人留下来的老房子。像山东临沂、潍坊，东北的白山市等地与外来文化不沾边的城市也出现了仿冒的西洋古典建筑部件，自然是粗制滥造的。这些现象可能是后期摩登主义进入中国走火入魔发展到了极端，也可能是由于在经济大潮中建筑界不再重视建筑理论与评论，建筑知识肤浅的表现。

## 二  建筑是历史的存在——尚古与怀古

### 1  城市与建筑的历史背景

人人具有怀古的情感，有象征性意义的古迹能唤起人们怀古的情感；有永恒意义的建筑作品，在后代才深入人心，成为后人生活中的一部分。保存遗址即保存了人们的怀旧心情，如旧地重游、对老屋的怀念，创造怀古的环境是环境设计的要素之一。真正的优秀建筑设计作品都开创了自身的历史，因此应该回到历史中去鉴赏艺术作品。当了解了历史背景之后，对历史环境的真实进行思索，才能把握建筑对象的全部意义。对历史性城市与建筑的保护、城市历史保护运动以及传统街区的保护，都十分重要。

城市的历史背景是不能被替代的，背景建筑代表城市的历史文脉，城市中历史性的原有建筑应该受到尊重。如果新建的大楼把环境背景遮盖或淹没，那将是无可挽回的失误，更不用说新老建筑需要有所联系和呼应，例如北京饭店经历了四个时代的接建，1910年左右的老北京饭店显赫一时，第二代北京饭店是20世纪50年代的作品，第三代是20世纪70年代的作品，第四代是20世纪90年代接建的，规模和体量一次比一次加大。当初在色彩和阳台上均考虑了和老北京饭店有所呼应，最后的新北京饭店把第二代北京饭店的侧立面包容在它的大厅之中，变室外为室内，也不失为尊重历史背

景的一种手法。然而香港中环快速兴建的建筑式样的自我个性化表现使得城市中心区就像个杂乱无章的"动物园"，埋没了背景建筑。黑川纪章的"新陈代谢"派历来都主张历史与未来共生（图 6.4）。

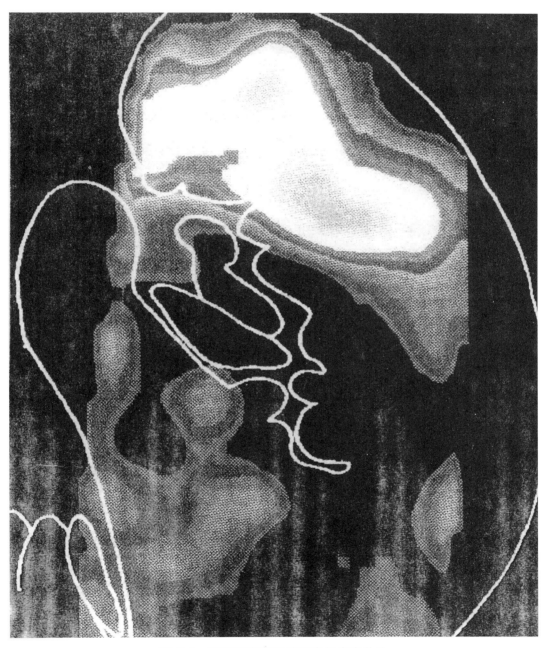

图 6.4　黑川纪章表现的历史与未来共生

## 2　城市历史的重要见证——北京古城的变迁

每到一座城市，人们都希望能够阅读它的历史，了解它的来龙去脉，但事实往往与其相悖，人们看到的更多是传说的文字记载，或是经后人篡改过的假古董。当今流行的城市设计，不论是广场还是街道，都提倡文脉与地方性传统的延续，因此在许多方案中能够看到规划师、建筑师将苦心经营与编造的当地文脉情结融入其设计构思之中。由于缺乏实物的见证，大多牵强附会，少有能靠抽象隐喻或编造故事获得成功的案例。美国爱荷华州首府得梅因（Des Moines）建设了一处新的银行，这所银行把原址上老旧银行的部件——一个柱头——装饰砌筑在新的建筑表面，最直接简练地诉说了这座银行重要的历史见证。城市也一样，要把历史遗址上的遗物展现在新的都市再生的机体之中，街角上的一口水井或德国亚琛街区中残留的一点点古城墙的乱石，都是城市历史的重要见证。

北京的古城变迁体现在，原本清末的皇宫内城是北京城市意象的主题，大片的红墙黄瓦和历史经营的皇城中轴主线，被逐渐地割断。巨大的皇宫内院被淹没在参差不齐、杂乱无章的楼海之中。政府先是开通了景山和故宫之间的马路，1949年以后又拓宽了长安街，拆除了三座门和中华门以及原千步廊的外围红墙。原本精彩的城市空间序列，城墙、牌楼、门道、城市节点和标志均已荡然无存。时至今日，广场周围一片交通繁忙的喧闹景象，人们总有无所适从之感，既不能静心欣赏也不能将之作为理想的参与场所。在天安门广场的新陈代谢和不断改造过程中，人们期待着它的环境质量进一步提高，期待着传统城市文化以其固有的魅力、深刻的内涵，走进更富有人性化空间的未来。到2050年，天安门广场可能仍然是中国人民心目中的祖国形象，仍然是世界性的政治广场，仍然是北京城市文化的主题，也许它的功能将会有巨大的扩展，也许它将会成为一个地下多层的主体空间体系，但是怀旧的皇城中轴线上古老的城市空间序列将永远存留在人们的记忆之中（图6.5）。

图6.5　老北京的建筑历史

## 3　在怀旧中畅想——历史拼图

在飞扬的尘土、高耸的塔吊与轰鸣的混凝土搅拌声中，新城浮现成型，老城在改造中渐渐消失了。城市没有了遗迹，一切都被剥得干干净净，当代的中国人亲历了这一过程。在由无知而生愚昧的城市改造中，无数被视为丑陋的"破烂"被无情地清理出追逐形式美的城市。有一种情感,那毕竟是谁都不能抹杀的一段丰富而写满沧桑的记忆,对经历过的人们有着不容置疑的珍贵意义，同时又能给没有经历过的后来者无限的想象空间。对文化和历史的珍惜，就是对原来的环境最大限度的保留和再利用，当我们重新学会珍惜的时候，人们才真正知道如何善待自己，在怀旧中畅想。

历史拼图，如台北迪化街的霞海城隍庙，其在台北大稻埕发展过程中占重要地位。庙小而精致，建在狭窄的街边，烟雾缭绕，庙旁有棚的空地为祭典之用，民间认为城隍爷是守护神，奖善罚恶，有求必应。迪化街是台北现存唯一的老街，今天走一趟迪化街就像穿过时间隧道，可以看到过去台湾发展的痕迹。独具风味的老街上有各种传统的老行业和丰富精致的店面，充满历史的魅力。最先看到的是布庄街，这是历史形成的布市行业集中区，其后有中药店的街段，再后是干货街段，其集南北干货于此，枣、瓜子、莲子、栗子、香菇、灵芝琳琅满目。店铺有闽南式、西洋楼式、仿巴洛克式、现代主义式。屋的进深很长，分一进、二进、天井和三进，前店后家，迪化街被列为台北的历史文化保护区。

## 4　保护、维护、重建与更新

（1）城市历史保护

20世纪五六十年代城市更新运动流行于美国，70年代初期人们对城市更新进行反思，认为城市建设不应以改变街道景观、拆除旧建筑为目的，而应以提高城市的文化环境质量为宗旨。因为城市环境给人们的不仅是建筑空间、大片绿地、阳光和空气等物质条件，更有人对环境的认同感、方向感和归属感等深层的心理需求。城市历史保护运动便是在这样的背景下兴起的。把城市历史保护视为主要任务的城市设计在一度被冷落之后，成为了热门科学，备受重视。它以寻求在城市的"开发"与"保护"之间的有机协调为引线，在城市化的过程中，得以长足发展并完善。美国在几十年来的城市建设中，配合各种法律和规范，保护和加强城市的景观特点，保证城市文脉的一致和清晰。

（2）历史街区保护

历史街区是城市分区管制法中的弹性分区之一，把具有历史意义的区段划分出来，在管理上采取与其他区段不同的政策和手段，有利于历史环境的整体保护。这一概念把历史保护从单体建筑的"文物性"保护扩大到城市环境，被认为是城市设计学科进步的标志。分区法和一些设计引导对区内建筑的使用性质、街道和广场的特点等做了规定；对建筑本身也做了规模、体块、风格、材料和色彩等细则要求。总的原则是一切新建、改建活动必须尊重历史,加强原有环境的特点。这样的历史街区尽管单体建筑并不突出，整体上却能形成完整的环境。

（3） 保护与保留

在城市保护的概念中，保护的范围广阔，包括成片的历史街区的保护，对具有文化历史意义遗址的保护，对传统习俗和风土民情的保护等。对改造、更新，保护也有不同深度的理解，改造和更新不能算作保护，造假和伪装更不是保护，有的历史古迹被"保护"得面目全非。河南嵩岳寺北魏砖塔上的石雕、隋代赵州桥上的石栏板都在重修时被换了下来，圆明园中增添了许多人工的乱石，现代石刻远不及古代的精良因而丧失了古迹的真实感，无保留的保护其实质不是保护。

（4） 维护与重建

维护、重修和重建不一样，是对待保护的不同策略。维修是通过修理而达到保护目的；重修是将破坏严重的建筑基本按原样重修；而重建则是推倒重来，有可能还保留原来的某些意向，也有可能是毫无保护的重建。武汉的黄鹤楼是参考多幅图画和文字的记载，通过想象的图样而自由

图 6.6　墨尔本 Sogo 大厅内的古塔

发挥重建的，谁也无法知晓黄鹤楼原本的样子了。天津老城厢几乎已在大面积拆迁中全部消失了，为了保留老城厢，留下一些旧城的意象，在原址重建了钟鼓楼，在原址上按新的规划构成一个长方形的交通核心，前后加建了两幢牌楼，模仿原钟鼓楼放大重建，实际上是再造一处假古董。在澳大利亚墨尔本的市中心一幢古时的砖砌高塔被覆盖在黑川纪章设计的崇光百货公司（Sogo）的大厅之中，外罩一个圆锥形的玻璃屋顶，古塔原封不动地保存下来了，但是在喧闹的商业大厅之中它成了 Sogo 的商业广告，气氛完全不对，更不是正确的保护态度（图 6.6）。

（5） 城市更新

城市更新指城市的内涵与外在形式的更新，自始至终都应该是文化和物质的更新。"民族的新生，有赖于将传统文化的重要部分整合到新的社会秩序之中"，城市更新也应如此。20 世纪 60 年代西方国家兴起的城市更新运动，是以清除城市中"衰败地区"为目标的更新运动，最初的更新仍受现代主义"形体决定论"思想的影响，倾向彻底清除现有混乱的城市结构，代之以新的理性秩序，企图以物质环境来解决社会和经济问题，而忽视了文化、历史和传统，正像天津改造老城厢、北京改造旧城区的做法那样，过度大拆大改。反思这一时期的失败教训，人们提出了有机更新的理论，认为扩张是有限的，更新是无限的，现存的新又是未来的旧，今天的建设又是明天的历史，创造一种城市有机共生的模式。更新与依存的关系更为重要，重视补偿的效应，进行城市的新陈代谢，使新的城市细胞和有生命力的原有城市细胞共生，在城市机体内唤醒城市的活动，把新旧建筑融为一体。

# 三　建筑是传统的存在——传统与现代

## 1　传统与追忆

"建筑是用石头完成的史书"，用这句话来比喻城市似乎更为恰当，一座城市就是一部不断再版和更新着的历史鸿篇巨制，如天津既有历史屈辱的记载，也有文化交融的见证。然而，现在人们看到的却是另一番景象，代表天津传统建筑文化的老城厢即将消失，留下的至多也不过是广东会馆、文庙等只言片语，相信它们过了不久也将在钢筋混凝土的森林中沉寂、淹没。租界区的小洋楼，虽然命运稍好，但由于不合理的使用和保护，其逐渐沦为类似西洋歌剧中的"布景"。天津正在逐渐失去传统的城市特色。行政命令、经济利益的驱使，使得城市一步步发展为一个毫无特色、纷繁杂陈的城市。终将有一天，人们只能在博物馆里追忆那摩天大楼下面曾经属于自己的那些过去的天地。在天津这部史书中，现在还有部分章节存在空白，如何根据先前的段落起、承、转、合，上下贯通地填写新的内容，我们都应认真思考，愿老城厢还能续写出传承的精彩篇章！

## 2　传统与设计

传统是建筑文化中永久性的课题，传统之范例具有超越年代的意义，传统是人们追求的历史性的、高于艺术的环境美。对传统风格的鉴赏不仅具有历史性兴趣的性质，

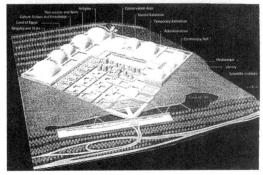

图 6.7　2000 年日本建筑师原广司设想的开罗国际化的传统城市概念设计模型

同时也是在本质上和道德上并列的最高行为。建筑的传统区别于其他领域的传统特征，是具有功能性的传统。

贝聿铭设计的北京香山饭店，是运用中国苏州传统民居和园林的传统手法创造的一座现代的建筑，获得了美国建筑协会的乡土建筑设计奖。香山饭店的格局是传统院落式的，用建筑划分了几个室外的空间，保留了原地的古松，配置了云南石林的奇石，后部的香山花园构成宾馆轴线的终结。建筑入口轴线的序列是传统式的，由门桥、象征性牌楼进入庭园、入口影壁，从四季花厅至挂有两幅中国山水画的休息大厅中眺望有叠石山水的中国式香山花园。室内外景观的序列安排和渐进的层次感受都是传统中国式的格局，建筑的细部装修和材料做法也都体现了苏州的传统风格。有苏州园林花窗，有苏州民居门窗的符号意象，有传统的灰砖磨砖细部，有菱形的符号母题，有光线闪烁的中庭天顶，处处都是传统与现代设计完美的结合。2000年日本建筑师原广司设想的埃及开罗国际化的传统城市概念草图也体现了尊重地域传统的规划设想（图6.7）。

## 3 文脉的源与流

文脉指人文主义思想的延续，当代城市设计一个重要的转折是城市主体与背景的分离，城市规划无条件、无历史、缺乏民主思想的机械论主宰着城市设计。当今强调的数字化城市设计，到处充斥着模仿、复制、拼贴，使文化抽离。当今最大的建筑灾难是传统文化的断裂，地方性文化的失落，引发的北京国家大剧院落位之争论就是文化断裂现象的一例。

在一定的历史时期，思想倾向、审美理想和创作风格相似的建筑师，结合而成为流派，呈现出当代建筑思潮的多元世界。城市是石头的史书，从中可解读建筑历史的源与流，对不同时期不同风格的建筑意义的生成与秩序的探求构成建筑传统的源与流。

城市的文脉是文化环境的特征，即使是建筑上微小的符号与装饰也能诉说文脉的语言。天津解放路银行街上，西洋古典式风格的银行沿街林立，构成天津城市文化面貌的精华。解放路上几处新的规模庞大的现代银行，没有和传统的街区发生任何文脉的联系，强烈的反差和形象的差异破坏了城市的环境文脉。贝聿铭设计的波士顿汉考克大厦，虽然是玻璃幕墙巨大尺度的高层建筑，却能把波士顿古老的历史性拱顶建筑映射在镜面玻璃之中，也不失为一种延续城市文脉的对比手法。天津西开教堂前面的国际商场，虽然在视线上过多地遮挡住了教堂的立面视景，但是在色彩上，椭圆形窗的造型还是吸取了西开教堂上的符号，新老建筑总有一点对话，但在后来的国际商场扩建中，这一点文脉的反差也消失了；解放路上的凯悦饭店却脱离了天津的城市环境文脉，去找寻中国古典式的文脉，这样的风格没有理由摆在解放路的银行大街上。

## 4 介于传统与现代之间

西方工业文明带来的物欲打破了中国儒家的中庸、道家的散逸、禅家的空灵。把西方一切统统拿来，只重现象不重分析，因此在传统与现代之间普遍存在着以下弊病：① 城市统筹失策，优雅的老城面目全非，"现代化"的破坏甚于干戈。② 城市空间不连续不和谐，追求财力、权势和盲目模仿是其原因。③ 单栋建筑唯我独尊，自封的"标志性建筑"随处可见，破坏了城市空间的亲和力。④ 城市空间尺度失真，行人很难找到昔日那简朴精致的感受。⑤ 在旧城改造中，决策者倾心于西方的豪华奢美。理想的城市空间应该是：① 保持统一完整的城市空间。② 城市的整体比单栋建筑更重要。③ 讲究尺度和细部。④ 尊重历史，不强求"文脉"。⑤ 博采众长，不滥吹"欧美风"。⑥ 强化城市规划与设计。

我们的城市建设都介于传统与现代之间，例如天津有 600 多年历史，有丰富的地域传统资源，天津的西方建筑的发展建设是多元化的，曾有多国租界并存，其所呈现的多样性、丰富性、复杂性，使天津成为特定条件下特殊形式的传统城市。天津有中国风格的建筑，也有欧洲风格的建筑，都体现着一种文化交融的综合性，各式各样的标志性的建筑在城市中具有重要地位。城市是有生命的，承载着思想、道德、风俗、文化、制度等。遗憾的是如劝业场和天祥商场的改造与原楼风貌相差太远；渤海大楼应是保护性的标志建筑，但其侧面新建的电信局的现代塔顶欲与渤海大楼争辉；镇江道的国际商场和吉利大厦，作为新的现代形象，可能将成为天津的主流风貌。保护与发展不可只看眼前利益，还要多为后人考虑。日本建筑师黑川纪章的帕提农神庙的设想也许就是传统建筑现代化的典范（图 6.8）。

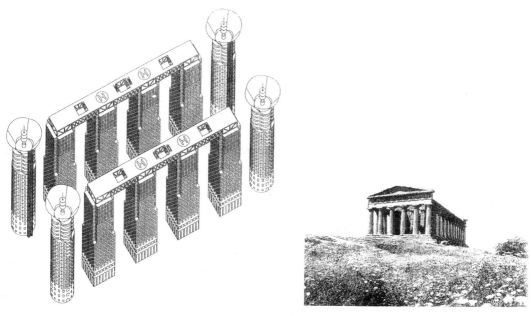

图 6.8　黑川纪章的帕提农神庙设想

# 四　城市与建筑的文化象征与形式

## 1　城市与建筑的文化象征

文化符号是表现城市象征的重要标志，如纽约是红苹果，香港是紫荆花，广州是五羊等。城市象征要通过城市意象来表述，城市空间环境的社会效果，有合法性与沟通性两类性质。复古主义的大屋顶，曾风靡一时的不中不西的瓜皮小帽，假洋楼欧陆风，假古董，英雄主义的大马路、大广场、大空间、大水面等，在一定的历史片段中，都只有其合法性质的社会效果，但终不能成为与大众沟通、受大众喜爱的长久社会性效果。

在城市文化环境的某种意识形态主题的形成过程中，经由当时社会关系所表现出来的文化主题不同，不同历史时期不同的文化思潮建筑表现的文化特色可以表现在空间的图解分析之中。例如美国辛辛那提的豪华旅馆是古典主义的经典之作（图6.9）；纽约西格拉姆大厦是密斯·凡德罗摩登主义的经典之作（图6.10）。两者的入口大厅的图解分析可充分表达不同历史片段中建筑处理手法上的象征与形式。

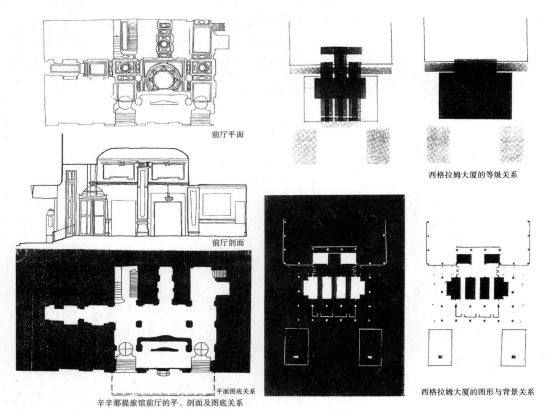

前厅平面

西格拉姆大厦的等级关系

前厅剖面

平面图底关系

辛辛那旅馆前厅的平、剖面及图底关系

西格拉姆大厦的图形与背景关系

**图6.9　古典主义的辛辛那提旅馆入口分析　　图6.10　摩登主义的西格拉姆大厦入口分析**

天津租界时期街道的名称随历史的变迁有所更改，反映城市的历史片段，经由时势中社会关系所产生的文化意象表现出来。唐朝洛阳古城的街道有关伦理道德的命名，反映出当时城市文化环境中的文化主题。

城市的文化空间是被象征性结构所遮蔽着的，比如深圳的文化广场，晚间是热闹的夜市，白天是文化建筑前的装饰广场，其并非全天候都属于文化性质的。城市文化空间是被象征性结构化了的一种空间感受。天津的中心公园原来是法租界的一处街心花园，2002年被改造成了一处喷泉音乐广场，丧失了原先租界时期的象征性意义。2005

年人们认识到了中心公园在天津租界时期的象征性意义，又准备重新恢复它的原貌。天津的老城厢和北京的古城墙虽然已经丧失殆尽，但作为城市中意识形态的空间概念，将永远地存留于城市的文化环境意象之中。所以，北京保护好一段元代的土城，即是保存了元大都的象征性文化空间。天津元代的一处水井痕迹被无知地损坏了，如果保护好，就是天津建城以前的历史见证。北京天安门广场不是单纯的物理空间概念，它的大小、比例和尺度并没有社会意识形态方面的意义，但在社会学的空间概念中，天安门广场是具有强烈象征性的政治空间。在城市文化环境中，时势的效果、时代的趋势，社会地组合了历史的产物，从社会学的观点看，城市空间是被象征性结构化了的一种空间感受。

## 2　城市与建筑的文化形式

形式决定城市象征的整个过程，城市的文化空间最终以城市设计的形式表现社会意识形态与大众的沟通关系，创造出城市的地方性风貌与特征。例如北京的西单广场，不论其形式如何改变，在城市环境中，它都是一处交通广场，然而东城的灯市口广场却是老教堂前一处聚拢人气的休闲广场。形式在城市文化环境中占有重要地位，形式决定象征的整个过程，城市的文化意识形态最终发展成为城市的文化形式。城市空间与建筑形式所陈述的建筑语言，其含义或高雅、或粗俗，或肤浅、或深刻，不管是好是坏都强加于人。从社会意识形态的内容出发表现的城市文化形式既是城市的结构元素，又反映社会关系以及建筑语言的对话关系。我们主张提倡城市文化的地方主义，通过联系社会关系来发现建筑形式和城市的空间形式语言，建筑师是城市文化环境的塑造者。天津的古文化街和食品街的规划设计，都表达了地方主义相应的文化形式语言。

# 五　中西建筑文化的杂交与提高

## 1　崇洋与怀古

当今的建筑创作理论急需解决中国建筑崇洋与怀古心态之间的矛盾。以往的中国传统建筑对于生命中人性深层面的照顾，自有其不受时空变迁的影响，如民间的寺庙、牌楼、民居等，虽然时代不同了，依旧有实际的需要，因而不会失去作为中国传统建筑在当今所具有的价值和意义，这是人们怀古的理由。然而今天当建筑师面对设计信念与现实利益冲突时，如何把握原则？例如住宅高层化，造成人与土地的疏离；商品利润价值观；官场中崇洋的心态；不尊重文化的业主；等等，都迫使建筑师们只能从西化中寻找出路。崇洋和怀古都抹杀了中国建筑本有的生命力，当今多元的信息世界中，理想的建筑价值究竟是什么？

中国传统建筑重情尚道，西方建筑则崇理尚真。中国传统的艺术，其目的并不在于追求旁观者的认知，而是注重个人主体的投入和实践后的成长与心得，这不只是求真，还是真善美兼备的均衡追求。由于我们的建筑教育是西方式的体系，以致建筑师对中国传统建筑中相关的生活体验和行为规范缺乏全面的了解。以西式教育为基础来判断传统建筑在今天有用与否，只能造成对中国传统价值肤浅片面的认识和吸收。

在现代西方式的设计中重视人为空间的创造而忽视自然环境，空间与环境二元分立。然而在中国传统建筑中，人与自然是同质的，把人为空间及其自然环境视为连续呼应的整体。中国传统建筑强调在人为空间中要感受自然的气息，包括尊重物质的本性，将自然界的生气和活力引入人为的空间之中，就像国画那样在空间创造中要有能涌现生机的留白，建筑布局与配置能否反映出所处的环境气氛至关重要。在设计造型上，中国传统手法大都在完美的自然形式中加以抽象，并加入人文的意象，不论是瓶门或花窗，总令人有简洁丰富之感。而现今的设计或疏于对自然的观察，或不了解抽象与写实的调和，以至于不是单调无趣就是繁碎俗丽。

现今的建筑师对自己的文化了解不彻底，也就掌握不到对传统事物的保存与发展原有的生机，以致创作不出真正的仿古传统现代建筑，就像今天古迹所受到的待遇，破坏性的修缮不如不修。而所谓文化，就是寻找古今、新旧、人我之间的衔接点，当今的建筑师不肯在这上面下功夫。中国传统建筑的象征是丰富的，但经过把装饰视为罪恶的现代建筑的洗礼之后，有些人完全排斥传统造型，有些人则利用后现代设计手法，大胆任意地玩弄传统造型。问题都出于不了解传统造型中所要表达的意象对人的意义是什么。其实无论忠实再现或重新诠释都是创作自由，而对象征的手法如果缺乏充分的设计条件，则是当前出现的提倡传统而创作不出优秀作品的原因。

## 2 中西建筑文化杂交所面临的问题

对于中国建筑的传统与现代问题，人们都会颇有兴趣，但怀古的心态，或后现代崇洋的时髦，都无法认真探讨中西建筑文化杂交所面临的现实问题。应对中西文化进行真正的融合与杂交，而非不负责任的拼凑混合，这是必须面对的问题。摩尔的作品根源多是来自欧洲的建筑传统，但是我们对欧洲的了解，实在不可能像西方人那样的透彻，正像西方的"中国通"一样。因此只有以我们自己的文化为本进行融合与杂交，才具有从根性发挥的意义。当西方社会还不断地检讨他们的弊端，并尝试借鉴东方的智慧来纠正西方的偏差时，我们即便是想要达到整体西化，也因长期文化背景的不同很难做到。

中西文化的发展原本各有所长，因此在文化杂交的过程中，对于彼此不同的重点，当然应以最大的包容力来保证两者的存在，但是由于西方文化理性主义的排他性很强，因此在融合上势必要以传统包容西方，也就是说在学术领域中以"实践经验"为主的学术传统包容以"纯粹理性"为主的学术传统。但是在目前中国的学术传统几乎无立足之地的状况下，至少先使两者并存。目前我们的传统断线，使我们看不到传统建筑中的深层部分，对中国建筑研究不深刻。中题西成的结果将原本活生生的中国现象，做成好像是发生在西方社会里的现象，似乎中国现象是西方的翻版，中国不再是我们自己的中国，而更像是西洋人眼睛中的中国。

由于西化与怀古之间观念上的对立，人们认为要设计具有现代化精神的新建筑必然要和传统的中国建筑划清界限，即所谓的摩登到底古典到家。加之受当今市场经济利润观点的影响，在多元的现代社会中，强大的日美文化渗透，使许多人过分强调中国传统设计与现实的冲突。又由于中国传统建筑特色与大自然环境的融合在现今建筑密集的大城市中，景观无法配合；现行的建筑法规、道路系统、容积率、土地使用权限等限制，我们失去了创造中国传统建筑趣味的条件，这些理由从城市规划上就否定了怀古建筑作品而面向西化。

现代业主的要求也趋向于一种僵化的形式主义，将环境品质商品化，只要求一种流行式样，对待文化价值从不认真考虑。社会上刻意捧红的"建筑大师"在迎合领导爱好的心理和"新奇就是好设计"的支配下，纷纷走入粗糙的造型构成游戏。

在表现方法上，当今流行的商业化表现技巧，俗艳的多媒体展示，夸大不实的造型、环境、比例尺度，说明了某些官场与市场对建筑与环境的态度。我们面临的现实是中西建筑文化的杂交与共融的时代挑战，在共融中提高和进步，建筑文化杂交后的提高，才是现代建筑师寻求成功之路的方向。

# 第七章　人和建筑的情感交流与对话

## 一　建筑学之外的建筑符号学

### 1　文字与图形语言

　　建筑符号学研究城市建筑的化约问题，把人们的社会关系、意识形态化约为建筑语言的沟通系统。一个符号必定由两个部分组成，即能指与所指，多种多样的城市与建筑设计要素就是能指，而运用这些要素所表达的含义即所指，其间的关系正是建筑设计要传递给人们的语义，构成了城市环境意识形态方面的沟通系统。西方文字留下几十个字母，中国的汉字延续了几千年，是"形主声从"。建筑符号离不开形象，文字的形更有助于建筑语义的表达。古代印加文化在南美洲创造的纳斯卡线条（Nazca Lines）表现的是动物和几何图形。嘉峪关的"中华龙林园"，巨大的龙字采用唐代书法家怀素的草书，长 1km，宽 800m，开挖成龙字沟，沟边种植红柳，中间种植沙枣树——十余年后形成一片 12hm² 的沙枣林区，只有在 500m 以上的高空才能辨别，体现出中国的汉字的形态对于建筑符号的图形表达更具表现力（图 7.1）。

密林中的石头文字纪念碑　　　　　　　　　　　石头文字纪念碑

图 7.1　石头文字纪念碑

## 2　暗示与陈述

建筑的符号不同于语言符号，是一个短路的符号，一幢建筑或其细部与它所指的东西有直接关系，然而除了象形文字之外的文字符号却很少有这种关系。语言系统的威力就在于能指与所指之间的巨大差别，而建筑符号的威力就在于能指与所指关系的短路造成了几乎没有差别，所以建筑语言是直白的。文字语言的想象可以千差万别，但对有具体形象的建筑来说人们看到的都一样。建筑师可以运用建筑设计要素作为能指的单词，选择合适的办法把它们组织起来。在建筑创作中，建筑师的选择是无限的，对于观赏者来说，他们对建筑的解读是有限的。因此可以说建筑符号不是暗示而是陈述，正是建筑与城市空间强有力的表现之所在。由于建筑是由短路信号构成的语言形式，其中能指几乎等于所指，是一种易懂的艺术，建筑可以直接地陈述某种含义，因此建筑艺术和其他艺术一样可以与人对话。

## 3　外延和内涵

建筑也像文字语言一样具有外延的含义，不需做任何刻意的努力，也更具感染力。语言系统更适于表达思想和抽象世界，却远不能像建筑那样传达建筑文化的物质现实的准确信息。因此语言真正的力量并不在于它的外延能力，而在于其内涵的一面，建筑也具有内涵能力以补充其外延形象的不足。实际上，建筑的很多内涵来自建筑学的外延能力，因为建筑还可以表现其他艺术，如雕塑和壁画，建筑能够凭借其他艺术来创造效果。建筑还有自身独特的内涵能力，例如柱式运用的场所、材料质感、色彩阴暗、背景关系等，都可构成建筑语言符号表达内涵的手段。我们对某一建筑符号内涵意义进行理解是由于它是被从一系列其他可能使用的建筑部件符号中挑选出来的，这是一个聚类性的内涵，也就是说把这个建筑部件在同类中进行类比，去理解它们的内涵意义。

## 4　形象、标志、象征

形象是"能指"，是通过相似性来表达"所指"的一种符号。标志则是运用符号来表现一种性质时固有的关系，例如运用古典柱式作为银行的标志，运用钟塔作为火车站的标志，运用绿色作为邮政的标志，运用红十字作为医院的标志等。标志是建筑可以直接和大众对话的有效方法，标志性符号如果运用得好，可以提供解决人与建筑对话的好方法，建筑可表现本身那种独特的隐喻力量。象征是一种随意性符号，其能指与所指没有直接的关系，而是通过成规来表现。屋檐下的斗拱是中国传统木建筑的象征，五柱范是文艺复兴建筑风格的象征，建筑象征是一种有外延标志性的艺术和语言媒介。

## 5　转义

在文学理论中，"转义"指转换措辞或词义变化，是一种逻辑的转替。在建筑符号学中，转义是赋予外延与内涵两个因素以新的相互关系，转义是外延与内涵的连接因素，转义的概念使我们动态地看待建筑符号学中的关系。例如中国传统影壁墙的作用与含义就是一个动态的四度空间的转义概念，它挡住视线，划分公共与私密性空间，表达了建筑处理中转义要素的运用。

## 6　句法

建筑语言没有语法，建筑设计中有如同语言句法那样的设计手法，然而在建筑句法的运用方面有一些不十分明确的规律。建筑句法是在建筑设计中使用的结果，而且是建筑语言的决定因素，建筑句法只是描绘性的，而不是规定性的。近年来建筑句法经历了相当大的变化，古典主义的建筑句法已经过时，摩登运动以后，欧洲的包豪斯学派取代了古典主义，后期摩登主义又形成了自身的建筑句法与风格（图 7.2）。解构主义的破碎化与无准则的多元化设计又成为当今流行的新句法。建筑句法既包括时间的发展也包括空间的演进。约翰逊设计的纽约电话与电报公司大厦（AT&T Building）顶上的古典断山花符号是文丘里倡导的后期摩登主义战胜摩登主义的标志符号，法国"宫殿公寓"（Marne La Vallee）运用的是古典复兴的符号，又不失现代精神。研究建筑语言符号，其目的是发现建筑艺术中超越物质的、可塑的、现实的心理现实。

纽约电话与电报公司

法国"宫殿公寓"

**图 7.2　后期摩登主义建筑符号的运用**

# 二　建筑学之外的建筑心理学

## 1　建筑符号的心理意象

建筑符号的生成大抵是类似的，建筑符号的心理意象主要反映建筑的基本功能、物质材料、技术手段等如下的方面：① 建筑作为人类活动的容器；② 建筑作为气候的调节者；③ 建筑作为资源的消耗者；④ 建筑作为结构的体现者。这四项基本功能体现了建筑现象的外延属性，因此建筑符号意象蕴含于建筑实体中，又表现出精神认知方面。建筑符号的重要性不仅在于它们具有功能、物质、意念的属性，还在于它们能包含人类的心理意象，因而具有一种"象征的价值"。而建筑的最高境界则是其心理意象的表现，即人类深层心理结构中无意识内容之外化，人类"深层心理结构"中的内容支配着符号意象的生成。

建筑符号的运用，已成为后期摩登主义表现文化历史内涵和文脉的设计手法，20世纪末曾风行一时。2010 年上海世博会的韩国馆，以韩文字母构筑空间，用五彩瓷砖拼贴出花花绿绿的符号立面，由色彩斑斓的符号斑点作为建筑的组件，放大拼接成建筑空间（图 7.3），创造出生动的欢快气氛，不仅使现代建筑符号化由喻义符号向符号的形式美转化，而且以韩文字母符号主题表达了中国陆地文化与日本海洋文化之间的朝鲜半岛文化的深层心理意象，符号转化为空间，空间转化为心理意象。

2010 年上海世博会韩国馆的符号化立面

**图 7.3 表现心理意象符号化的上海世博会韩国馆**

隐喻是聚类性内涵的表现符号，如纹身图案，1997 年约翰设计的西班牙圣地亚哥城市中心以地域性符号来表现构图。含蓄的虚幻之感表现手法，如费伊·琼斯设计的阿肯色的刺冠礼拜堂，水结构的玻璃教堂落位在密林之中，黄昏时刻，内部的灯火映像于密林之中，充满神奇的虚幻之感。神秘感的境界表现手法，如敦煌莫高窟中在幽暗的光影之中神秘莫测的北魏菩萨像。（图 7.4）这些都是深层的心理感应。

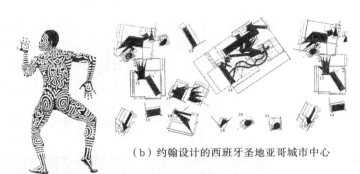

（a）纹身图案 　　（b）约翰设计的西班牙圣地亚哥城市中心

隐喻是聚类性内涵的表现符号

（c）费伊·琼斯设计的刺冠礼拜堂　　（d）敦煌莫高窟北魏菩萨像 248 洞

图 7.4　隐喻与含蓄的建筑符号

## 2　建筑心理学与空间限定

　　心理学研究的内容非常广泛，有教育、儿童、航空、医学、视觉心理学等，名目繁多。其中的建筑心理学研究人的环境心理，其中的行为心理、视觉心理和建筑的关系最为密切。环境心理学中的"模糊性空间"领域，即是亦此亦彼的中介性空间领域，由室内环境与室外环境两大部分构成。室外环境指"边缘性空间"，如建筑的外檐下面、骑楼以及入口广场、步道、建筑的转角处的退让空间、变幻中的光影空间、一把荷叶伞下面覆盖的空间，都可以构成室外的"边缘性空间"。"复合性空间"是由建筑组群围合而成的复合空间。"立体空间"是由空中、地面、地下转乘系统联合一体的网络空间。从室内环境分析，模糊空间领域体现的"内庭空间"，包括中庭、内庭、过庭、通道的交叉及转折处的非线性节点和路径空间。"廊道空间"包括水平和垂直的通道，具有指向性和传导性。门庭空间与廊道空间可融为一体构成室内的模糊空间。图7.5显示室内餐桌上的从无秩序到有秩序的摆设，即是一种模糊逻辑的心理环境感受。

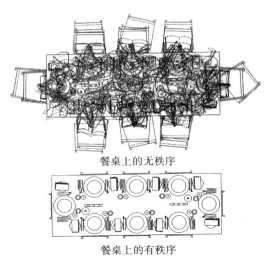

餐桌上的无秩序

餐桌上的有秩序

图 7.5　模糊的逻辑室内心理环境感受

空间的限定是一种心理感受，一把荷叶伞、一棵大树都可以限定其下的空间。地面上的光影交错，随时间的变化而限定的光影空间，都是模糊不定的空间（图7.6）。小镇的坡地上并列在一起的黑白双色的两个钟塔，一座是白色，一座是黑色，黑色的钟塔如同白色钟塔的影子，称为"影子双塔"，这种不确定的空间界面的心理想象，更加富有环境景观的生气。

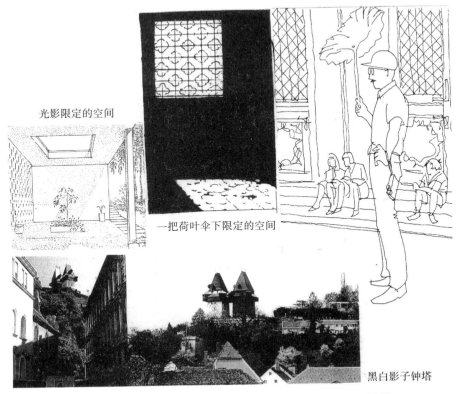

光影限定的空间

一把荷叶伞下限定的空间

黑白影子钟塔

图 7.6　荷叶伞下限定的空间、光影空间、黑白影子钟塔

## 3　行为心理学与建筑学

　　行为心理学对建筑学的影响以保罗·舒尔茨的《行为心理研究》一书为基础，书中共 20 章，内容有：人是什么；心理学的科学方法；行为研究的框架；行为要素的生物学角色；社会文化因素对人的行为支配作用；心理成长的规律；婴儿世界；童年；青少年和青春期；学习和记忆；动机；参与和投入；思想和才智；才智的增长与度量；感情和感动；个人主义；混乱的行为；社会行为；应用心理学；关于明天的话。

　　行为心理学应用于建筑学的理论认为，人的行为圈 $B$ 是个人行为内部的有机需求 $P$ 与外部社会环境 $E$ 之间一定的函数关系，即 $B = f(P—E)$。这个公式表明个人的行为活动范围和行为的内部需求与外部社会的物理环境之间成为固定的函数关系。行为心理包括个人空间、行为的尺度、环境和行为、对环境的探索与操作、对环境的接近与回避、环境压力与欲望、人的行为与环境的关系、空间和行为、领域性的行为、人际距离、人的领域性及空间中交流的方式等。图 7.7 显示人在户外的行为尺度空间以及室内的行为需求式空间、武断式空间、结构式空间。

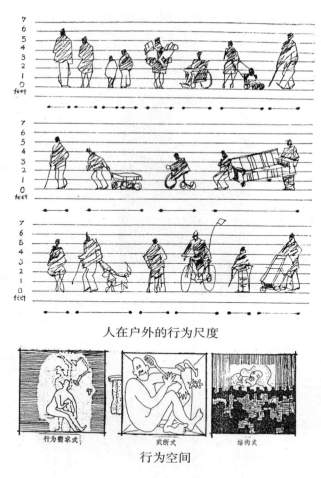

人在户外的行为尺度

行为空间

**图 7.7　人的行为尺度和空间**

行为心理的空间行为如图7.8所示：两组人群试图通过一个门道，由于袋形走廊的空间限制，他们中间的一些人在门前不再是对称的分布，而呈现自组织性的行为。又如可按人的心理兴奋曲线组织步行商业区，获取相对最好的价值取向。还有如6尺长凳上的落座行为，无标记座位与有标记的座位中有标记可以多坐人。医院中的行为空间划分对在设计中组织流线时非常重要（图7.8）。

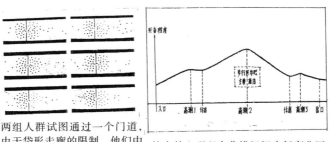

两组人群试图通过一个门道，由于袋形走廊的限制，他们中间一些人在门前不再是对称的分布而呈现自组织性的行为

按人的心理兴奋曲线组织步行商业区

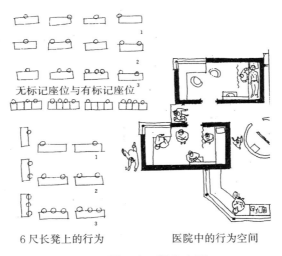

无标记座位与有标记座位

6尺长凳上的行为　　　　医院中的行为空间

**图7.8　行为心理**

## 4　视觉心理学与建筑学

视觉心理学又称格式塔心理学（Gestalt Psychology）或完形心理学，以鲁道夫·阿恩海姆（Rudolf Arnheim）所著《艺术与视知觉》（*Art and Visual Perception*）一书对建筑学的影响最大，内容共10章，包括平衡、形状、形式、发展、空间、光线、色彩、运动、张力、表现，研究视知觉感受的心理环境，如心理平衡和物理平衡、重力和方向、顶与底、左与右等。

格式塔心理学认为经验不是事物各部分之间简单的总和，经验中包含有文化方面的反映，人们的思维意念对环境的反映能够引导出更多的解释，人心理的内在感觉有巨大的伸缩能力。建筑师运用格式塔心理学的图形作用可以表现出更为深刻和丰富的语言。正如人们的思想经常是局限于用过的语言，然而理解能使图形具有更深层的含义，例如图形中的竖条因素、方与圆图形的渐变、封闭的因素、相似的因素、对称的因素、图形中具有含义的因素等。视觉心理能看到更多深层的东西，如图形的歪曲、错觉、虚幻感、喜新厌旧、寄情于物等能把抽象的情转化为具象的物。视觉的张力可使同一景色在改变观看角度时，表现出乎意料的美。自古人们就有"倒看天之站立，别有情趣"的说法，如图 7.9 所示，同等大小的圆形及长方形所产生的错觉、人脸的歪曲变形、封闭、相似、对称的心理图形等。

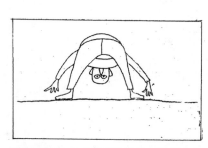

同一景色在改变观看角度时，表现出乎意料的美

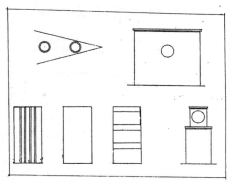

同等大小的圆形及长方形所产生的错觉

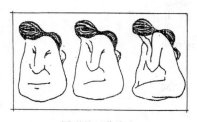

图形的歪曲演变

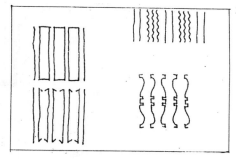

图形中的对称心理

**图 7.9　视觉心理**

# 三　悲情与怀念，情事节点与亲密空间

## 1　悲情与怀念

　　人人都有悲情、伤感和怀念的经验，生活中需要创造适合的空间和场所抒发人类的悲情。很难区分与界定悲情、伤感、怀念之间的差异，但建筑师的空间环境设计要让人与建筑对话，要求制造一种悲情和怀念的气氛，再运用装饰和喻义的手法表达具体的情感内容。

悲哀是人们内心活动的一种表现。墓，孝子思慕之处，到墓地悼念是一种悲情的诉说方式。一块小小的石碑，最简单的环境空间，能产生难以表达的复杂情感，其情感空间的塑造源于传统文化，如现代人们把清明节扫墓作为重要的祭奠活动。

表达对人物的怀念最直接的手段是雕像艺术，把建筑或建筑环境设计为人像雕塑艺术品的陪衬或装饰。首先雕像作品本身的艺术性要能打动人心，成功的范例如华盛顿的林肯纪念堂中的林肯雕像，其刻画深刻动人，配上庄严厚重的希腊古典神庙建筑，大台阶两旁的古代礼仪式的托盘，建筑内外精工的装饰浮雕，这些

唐山大地震纪念碑

图 7.10　对 1976 年唐山大地震的怀念

都衬托出庄重的怀念气氛，唤起人们内心对一代伟人的思念情感。

唐山大地震纪念碑具有标志性纪念意义，但不如保留大地震破坏的现场更感人至深，永不忘怀（图 7.10）。柏林保留着的"二战"中炸毁的教堂是最好的怀念场景。

## 2　情事节点与亲密空间

人人都有过谈情说爱的经验，最令人怀念的是青年时代的恋情生活。大学校园中的情侣们需要有情事节点和亲密空间，哪里有学校，周围必然兴起各种为学生们服务的商业文娱设施，售卖鲜花、礼品、贺卡的商店比比皆是，在校园的内部也应该为青年们创造交友、幽会的空间场所。校园中的亲密空间指"花前月下"的场所，也就是校园里适合男女学生谈情说爱的空间。应该具备的条件是环境好（临水或有较多的绿化），有可长时间休息的座椅、台阶。最重要的是私密性好，受外界干扰少，有树木遮挡，灯光幽暗。在校园发展建设中，不应

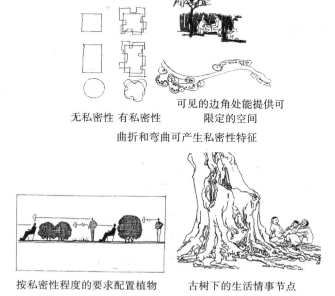

无私密性　有私密性

可见的边角处能提供可限定的空间

曲折和弯曲可产生私密性特征

按私密性程度的要求配置植物　　古树下的生活情事节点

图 7.11　情事节点与亲密空间

忽视青年们的情感交往空间。过去上海城市的居住空间十分拥挤,人们身居斗室,缺少户外的交往空间,年轻人的情事活动都集中在外滩的江边上,沿着岸边的栏板排着一对对的情侣,尤其是夏季的夜晚,这成为上海的一道特色风景线,外滩至今仍是城市中理想的情事节点和亲密空间。再看天津的海河边上的绿带,栏板设计没考虑朋友们可倚可靠的合适尺度和断面,所以留不住往来的行人。

曲折和弯曲的图形比方正圆滑的图形更具有私密性,可见的边角处能提供可限定的私密空间。要按私密性程度的要求配置植物,高大的古树下常常是生活中的情事节点(图 7.11)。

# 四 关怀与友善,友情与交流

## 1 关怀与友善

当访问生疏的地方需要查看地图时,马上就有人主动友善地来帮你指点去路;当横穿马路时,开车的司机友善地停车让路;在公共汽车上有人互让座位。在城市中这种人与人之间的友善与关怀,处处体现了中国人的传统美德。关怀与友善的城市节点,体现在医院前的广场和医院建筑的公共大厅等地方;尊老、爱幼,帮助残障病人也是关怀与友善的体现。在医院附近设置儿童活动的场地,让带小孩探望病人的亲友们的儿童有所去处而不必进入医院,在现代医院的设计中很注重医护人员与病人和病人亲属之间的医患关系。在医院的底层大厅的公共空间中可开辟多种功能,如礼品商店、食堂、与病人团聚活动的场所等。各类建筑中设置的残障人坡道、专用的电梯等设施,都能体现人际间的关怀与友善。

城市空间中的许多场合,特别要重视对儿童的关怀,考虑儿童的行为尺度和他们的行为乐趣。例如美国华盛顿动物园的入口处,为儿童设置的指示牌,按儿童视线的高度安置导游图。上面有各种动物的形象图画和足印,孩子们看完路线的足印图形以后,就可以跟踪地面上的动物足迹,跟踪前进即可参观到要想去看的动物,这是按儿童行为趣味设计的导游路线。在德国许多城市的地下铁道车站还专为老人设置可进轮椅的电梯。德国城市中的药房和邮局都有明显的全国统一的标志,易于寻找,城市地图上一定会标出药房的位置,以示对人的关怀。当城市中充满人间的友善与关怀,人们将会越发热爱自己生活的城市。

飞翔图书馆是建筑师萨米·林塔来(Sami Rintala)2004 年为奥斯陆的海滨公园中挪威文化中心装修时,附带在公园中建造的一件休闲小品。许多人每天下班后由此处穿过,这是一件在城市中心区大片草地中深受公众喜爱的摇摆的像秋千似的休闲座位,特别是春季有大量移居的鸟类途经此地降落在公园中休息,也是当地的景观要素(图 7.12)。飞翔图书馆采用不着地的木结构,离地 50cm,夜间可提升至 5m。上设木凳和书架,可以读书,在慢慢的摇动中地景会发生微小的变化,在此看书可产生美好的感觉。摇动的"大鸟"携带着诗文历史书籍和一些儿童读物。飞翔图书馆悬挂在公园中备受欢迎,这个关怀与友善的装置和书都留给了公园。

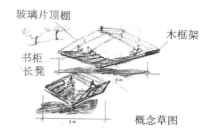

玻璃片顶棚

木框架

书柜
长凳

概念草图

挪威奥斯陆海滨公园中的休闲小品"飞翔图书馆"

**图 7.12　关怀与友善的"飞翔图书馆"**

## 2　友情与交流

城市中需要建立友情与交流的空间。过去村庄里的生活，全村人犹如一个大家庭，邻里间鸡鸣狗叫相闻。世界各地的农村建房都是邻里友好相助共同完成，自建公助盖房是我国农村建屋的传统（图 7.13）。只是城市工业化以后生活方式改变了，人际关系变得冷漠，生活孤立而单调。未来的理想是由乡村城市化再返回到城市乡村化，要重建过去那种和谐、亲密的人际间的友情与交流。尤其在老年社会中，交往更是老年人生活中的主要部分。

城市中友情与交流的场所大多是自发形成的，缺少合理的规划与安排，在许多城市的角落里我们会发现一些惊人的场面：在立交桥下的阴影处，在马路边人行道较宽的树荫下面，在冬日避风的阳光角落里，常常有成群的棋局或牌局，还常围上许多观阵的人群。在成都，许多大街小巷打麻将成风，四人一桌的牌局布满沿街的室内和室外。夏日在天津街头能看到路灯下的"百人扑克大阵"，人气旺盛别有情趣，这是群众自发的消遣和交谊活动。其实，中国传统乡间的街区规划设计比现代人想得周到，四川罗城小镇的中心大街，两旁有带顶的沿街茶座，像是骑楼那样的空间，室内外和街道连成一体，街道空间充分展现了友情与交流的空间，这种街区模式应该恢复与提倡，还回街市原本的功能。

西方人的午餐大都比较简单，有的自带食品在上下午工作之间歇时进餐，所以有工作午餐或午餐会议之称，即利用进餐时间大家可商量事情。但多数情况下，同进午餐是增进友情与交流的绝好机会，一边吃饭，一边谈心，自然要找合适的环境场合，不论是在室内还是室外都要设计好这种交流的场所环境气氛。许多大型写字楼前的广场上，阳光充沛的树荫下布置可坐、可卧的大台阶以及座椅、小桌、花卉，在午间休息时会有很多职工在这里休闲、交往、谈话，充满友谊的情感气氛。

# 五　商事节点，生活中不能没有热闹

秘鲁自建公助的生土建筑

内蒙古土牧尔台现代生土住宅设计

**图 7.13　友情与交流之农村中自建公助盖房**

## 1　商事节点

商事活动是生活中重要的交往活动，自古以来商业交换就不单是纯粹以交换商品和公平买卖为目的，在商事交换中常常充满着感情的色彩。大多数情况下，人们逛商店、逛市场、逛大街，买和卖往往不是唯一的目的。商事活动的情趣有三点：①观赏商品；②看热闹；③了解市井民情。城市的商事节点是反映地域性文化的橱窗，因此，城市中的商事节点中富有感情色彩的装饰品味就显得格外重要。

老北京的厂甸庙会是古老的传统商事活动，每到旧历年时，人们愿意去享受厂甸热闹的情景。有大糖葫芦、玉米、花花绿绿的风车，还有各种手工工艺的小商品，如传统玩具空竹、风筝等。人们不在乎购买的实用目的如何，而是要满足"过年"的情感习俗。厂甸庙会延续至今，但已经有了许多变化，由于独具特色的商事环境已大为改观，庙会也就丧失了这种商事情感空间特殊的感染力。

年货市场也是表现特殊情调的商事环境，具有民俗色彩的商业摊位构成特殊的过年的欢庆气氛。西方国家圣诞节前的市场亦具有同样的情感效果，花花绿绿的圣诞饰品，成为人们心目中必不可少的一年一度盼待的全民性商事活动的象征。

农贸市场中的讨价还价也别有风趣，不论是大棚中的集市还是街边的地摊，商贩们大声吆喝叫卖都能增加商事活动的气氛。和中国传统集市一样，美国明尼苏达州每年秋季农民们都会携家带口开车到明尼阿波利斯参加集市贸易活动，出售自家制作的食品、手工艺品、各种特色产品，马戏、杂耍、魔术等表演人员都来赶集，商事活动不是唯一的目的，假日游乐与狂欢成了集贸市场的主题。

以农贸市场的形式贩卖古董玩物的市场，别有情趣，如贵阳市中心区的河边古玩市场和天津沈阳道的古董市场，有的还加上了花鸟虫鱼。古董市场上的艺术品虽然真假难辨，但把古董艺术品放在地摊上出售，总感觉它会便宜很多，许多人不愿进入标价昂贵的古董商店，而喜欢品味和鉴赏摆在路边的稀奇古怪的物件（图7.14）。外国的旧货市场（Bazaar），有许多是家庭出售的旧物，是集邮者、老唱片收集者的好去处，假日闲逛偶然会碰上物美价廉的艺术精品。在巴黎的街头艺术家的绘画市场更有魅力，是专业性的市场。

现代商业的超级市场或百货公司给人们购物带来了很多便利，但缺乏商事活动中的人情交往关系。只有买和卖，没有顾客与顾客之间、业主与业主之间的商量与交流，这种商业形式不能取代传统的自发形成的多样化的商事活动。

图7.14　老北京书市

## 2 生活中不能没有热闹

喜欢热闹是人的天性。拜天祭地，是虔诚的热闹；敲钟击磬，大宴诸侯，是天子的热闹；摩肩接踵，闲逛庙会，是百姓的热闹。热闹是生活的必需品，没有热闹，生活便缺少了生机，失去了活力，少了乐趣，淡了滋味。所以逢年过节要热热闹闹，连儿童也要欢呼跳跃，到处看热闹、凑热闹。热闹是指景象的繁盛活跃，给人以热烈的情绪与开朗的心境，消除抑郁感、孤独感、失落感等情绪。

纽约洛克菲勒中心楼群前面的下沉广场，夏季有音乐流水和休闲茶座，气氛活跃；冬季则是滑冰场，使繁华的城市中心区热热闹闹：这种火热的场面是大城市中不可缺少的。规划大师霍佩费尔德（Morton Hoppenfeld）30 多年前设计的哥伦比亚新城已经住进 36 万

图 7.15　生活中不能没有热闹

人，那里的人都受过高等教育，热心参与团体活动，道德观念甚至经济观念都有相当一致的认同，这使他们愿意来此居住并把这个新城当作未来城市的雏形。霍佩费尔德说如果让他再建设一座新城，会增添霓虹灯和热闹场所，不能太单调。这也正是我国许多新区建设人气不旺的问题，人气就是要满足人们爱凑热闹的天性。

对老年人来说，热闹不仅是生活的需要，而且是生存的需要，"常回家看看"，就是给空巢中的老人送去热闹，老人从空巢中"常出门转转"则是主动寻找热闹，因此老年人公寓不应设置在城市边远的郊外，而要靠近市中心，热闹可以使生命的余烬重新燃旺，生命中不能没有热闹（图 7.15）。

# 六 愉悦与欢乐，趣味与幽默

## 1 愉悦与欢乐

愉悦是发自内心的欢乐，城市中令人愉悦的空间应该是创造各式各样被动式的休闲的场所，让人们在不知不觉之中感到欢乐从而达到休闲的目的。休闲空间有主动的和被动的，主动的休闲空间包括各种娱乐场所——影剧院、游乐场、运动项目、旅游胜地等，可以达到休闲式娱乐的目的。在城市中创造被动式的休闲空间，带给人们意外的愉悦与欢乐，则是城市情感空间创造的重要因素。

愉悦的空间能带给人们欢乐的享受，任何节庆活动都需要在适宜的愉悦气氛中进行，中国有许多传统的节日正在民间逐渐恢复。台湾仍保持着多种多样的民间庆祝活动习俗，如春节、灯节、五月节、八月节，还有纪念妈祖的节日、鬼节、好兄弟节等。外国的狂欢节更加热闹，如复活节、万圣节，人们全都奇装异服，通宵达旦地庆祝，疯狂至极。如今国内新兴的洛阳牡丹花节、各地的啤酒节、潍坊的风筝节等，提供了多种多样欢快娱乐的机会，缓解人们工作之余的疲劳，沟通人际间的情感。

在设计修建市民广场的热潮中，设计师大多考虑的是美观、绿化和装饰的功能，使用庄重严肃、几何图形对称者居多，制造轻松愉悦的气氛不足。喷水池或音乐喷泉多从形式美的造型设计出发，对于环境唤起什么样的情感则未见功效，只有热闹，不足以引发人们的愉悦与欢乐。

在郑州新建的开发区一条不起眼的马路上，一块施工的工地被一条长达数百米的临时红砖墙围住。一天，学校的老师让孩子们有组织地在这条街的墙上画画，在风和日丽的天气下，天真的孩子们全神贯注地在这条临时的墙上大笔一挥，创作他们向往的世界。那群儿童认真作画的场面着实令人感动，五颜六色的童真作品十分精彩，只可惜贴在墙上的纸张不可能长期保留下来。这次街上作画的经历对每个孩子来说可能是终生难忘的，因为这是他们亲身投入的愉悦的自我表现的经历，孩子们给这条呆板的墙面上赋予了欢乐的生气。

在东北地区的许多城市中，如抚顺、铁岭，每逢周末或节假日的夜晚，常有民众自发开展街头秧歌舞会，男女老幼欢歌群舞，热闹非凡，城市空间要为这些传统民俗的欢乐活动开辟场地。

## 2 趣味与幽默

城市中的小趣味可令人产生幽默感或使环境更加充满生活气息，相反那些充斥街头巷尾可有可无的大型城市雕塑，不但不能引起美感和趣味，有的由于落位不当，反而会大煞风景，令人厌烦。因此城市小品的装点与落位不仅在于空间构图的需要，更应注重环境空间的情感创造，塑造出城市空间中的趣味性和幽默感。

有趣的城市雕塑是活动的，可让公众亲自动手去摆弄、欣赏、玩耍，就像是街上的大型玩具。例如德国亚琛市的闹市街巷中，有一组铜制的群像，雕像的头部、手臂和腰部都有活动的关节，这组雕像是描写古典故事中的几个人物之间的交往情节，通过摆弄各种手势与人物的姿态，可产生奇妙的情节，过往的行人在此摆弄甚为有趣。

在 2000 年汉诺威世界博览会的场地上，也有一处用成排的活动短木棍组成的拼图雕塑，人们靠在上面就能呈现出你的形体轮廓。活动的木棍被大家推来推去的又能组成各式各样的图案，奇妙无穷，无论是成人还是儿童都对这个雕塑很感兴趣。活动的城市雕塑就像公众的一件大型玩具，供大家游戏和消遣。

幽默是更具有深刻情趣的小趣味，当人们处于具有幽默感的空间中，就会忍不住放声大笑，或在内心微笑。城市空间中能唤起公众这种幽默感的场所，当然是越多越好。地域性的市井民情常常能唤起外来来访者这种情感，甚至某些地方语言的音调或者方言土语中的某些用词也是很有幽默感的，就像北京许多地名一样，如金鱼胡同、锣鼓巷、烟袋斜街、四眼井、兵马司、大茶叶胡同、大北窑、帽儿胡同、千面胡同、羊肉胡同等；还如天津的耳朵眼胡同、水月庵、湾兜公园、老西开、西大坑、灰堆等，这些地名可能是先有百姓的通称，很有幽默感，应延续保留。那些千篇一律的地名，如解放路、和平路、果品大楼、钢铁大楼等，可以用在任何城市，没有地域特色。

在北京魏公村有一处公厕，立面设计颇具幽默感，男女两个入口和两个曲线形的窗户在对称的立面上组成了一只蝴蝶的图案，看了自然会引人发笑，好像是把梁山伯与祝英台化蝶的民间故事形象运用到公共厕所的立面上了。

对建筑文化差异的理解也会产生幽默的情趣，北京流行一时的玻璃幕高楼顶上的琉璃瓦小亭子，在建筑师眼中显得不伦不类，但在西方人眼中却会觉得格外有趣，正像我们在国外的唐人街上看到的中国式建筑和牌坊，也别具一种幽默感。国内流行的"欧陆风"把西方建筑的部件胡乱地拼凑，公众也许只能欣赏它那哭笑不得的幽默感。

图 7.16 展示的这些作品都富有趣味和幽默。

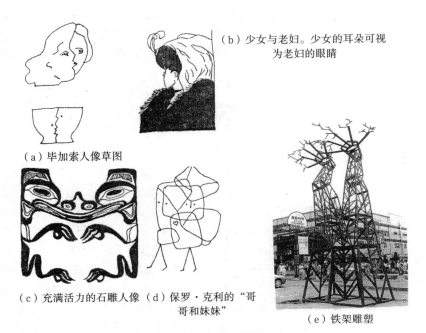

（a）毕加索人像草图

（b）少女与老妇。少女的耳朵可视为老妇的眼睛

（c）充满活力的石雕人像 （d）保罗·克利的"哥哥和妹妹"

（e）铁架雕塑

**图 7.16 趣味与幽默**

# 七 沉默与反抗，疯狂与愤怒

## 1 沉默与反抗

设计师能够营造人的情绪吗？人的心境与情绪，如愉快、沉闷、愤怒也会影响他对空间环境感受的效果。不同的心情对空间环境的感受差异很大，心情愉快时觉得周围一切十分美好，一切变得新奇而有魅力。当情绪不佳时，看什么都不顺眼，对周围的美景也视而不见。满地黄叶的秋景提供恋人们浪漫的情绪，失恋的人则感到悲凄伤感。建筑空间中的视、听、嗅、触及温度等因素可成为人的情绪刺激的诱因，激发人的情绪，强调外部环境影响是某种情绪产生的直接原因。情绪产生有三个来源：外部环境刺激、身体生理刺激和认知评价刺激。随着空间的过渡和时间的流动，便会产生影响人类情绪、情感的变化，设计师能够创造环境情绪。

1937 年柯布西耶设计了一幅纪念法国共产主义者战士康图里尔（Vaillant Couturier）的纪念碑草图。为设计这个纪念碑而举行了竞赛，要求在两条通向巴黎的快速公路之间建立这座纪念碑。柯布西耶的方案是一件抽象的构图建筑雕塑品，有夸张、独特的比例，设计表现两层意思：一个巨大的手向着天空张开，如同喊出"人民反对现今的世界"，表达一种愤怒的情绪；一个巨大的人头表现共产主义老战士在呐喊，反抗不公正的剥削。他把自然主义的因素抽象地布置在混凝土板的框架之中，强烈的构图产生美的对比，光辉、闪烁的阳光和阴沉、黑色的影子非常突出。这座纪念碑传递给人们的是沉默与反抗的情绪（图 7.17）。

**图 7.17 沉默与反抗**

## 2  疯狂与愤怒

建筑设计中无不加入情感的要素，如庄重的政府、法院；轻松活泼的儿童乐园；威严尊贵的故宫；庄严肃穆的方尖碑、纪念堂；洁净安宁的医院，无一不诉说它们的身份和情韵。城市中心区域是交往、建立友谊的情感空间；城市边缘地带充满欢乐、休闲的气氛，路径亲切而人性化。城市中有装饰性美的标志，街头的雕塑、路标、喷泉等都是塑造城市情感空间的切入点。街道是传播信息与交往的空间，城市公共中心区是创造人间友善的场所。城市和建筑因其本身特点，从内而外都渗透着设计师营造的情感，使用者则用自己的感受去解读、体会并投入自己的情感，共同完成具有内涵的情感城市。那么当今解构主义破碎化的建筑形象传达给人们的是什么样的情感呢？

无准则的建筑以断裂法破碎化设计的 UFA 综合电影院表现的是疯狂的愤怒，它要疯狂地打破传统的建筑设计一切准则，不要轴线，不要构图，不要规整和谐，不要秩序，不要"好看"和"顺眼"；要断裂，要破碎，要扭转，要"难看"和"刺眼"，表现疯狂与愤怒的情绪（图 7.18）。

图 7.18  表达疯狂与愤怒的 UFA 综合电影院

# 八  城市的表情和冥思苦想的空间

## 1  城市的表情

城市的公共活动空间构成城市人民生活的舞台。城市如同人一样可以通过城市面部表情去了解其内心世界，每个城市都有自己独特的人格特征。当谈及某个城市时几乎全都说的是它的特征，人们的喜怒哀乐也自然表述在城市的特征上，一种不由自主的拟人化就是城市与建筑的表情。当今的物化世界，物质与商业的唯利是图使城市丧失了特征，高楼密集，从里到外渗透着金融、证券业的威严，日夜无表情、不言语的汽车高速驶过，城市是一张冷漠的"脸"，不带表情的"脸"。因此，塑造富有精神内涵的城市空间成为当务之急。日本某市每到周五正午以后在城市的某大道上的一段，就开始中断交通，市民可以尽情地使用，道路恢复了人性化的原始面貌，在固定时间内周而复始地重复着不寻常的热闹情境，形成一种秩序，使得城市表情极富生动的个性色彩。

这种周期性的情感空间成为居民对社会生活的寄托，深深影响着整个城市的面貌与风情。

## 2 冥思苦想的空间

"学"即是思想，人们学习的过程离不开思索的空间。因此在人类生活中需要各种可供冥思苦想的空间，书房即是这种空间，如鲁迅故居中的"老虎尾巴"小屋，他曾坐在那张藤椅上，面对窗外的一棵枣树写出过许多不朽的短文；朱自清描写清华园中的"荷塘月色"，如今其景尚在；《老残游记》中的济南大明湖，比真的大明湖要美妙得多，如今只能从小说中设想出理想的大明湖的情景；杜甫草堂和陶渊明的"世外桃源"剩下的只是对当时情与景思想空间的追忆；在欧洲是莱茵河的美景培育了音乐天才贝多芬。

冥思苦想的城市空间，与优美安静的环境和天然美景有关，同时也可以创造人为的美景使之具有思想性和感染力。罗丹的著名雕塑"思想者"摆在适当的环境位置就可以加强此处空间环境的思想性，产生巨大的感染力，引起观赏者诸多的联想。在学校建筑组群之中需要强调有思想性的空间表现，过去老的燕京大学、武汉大学、中山大学都曾有过这种冥思苦想的空间感受。中国古代的书院建筑，如嵩阳书院、岳麓书院、北京的国子监，建筑布局都有很强的思想性寓于其中。

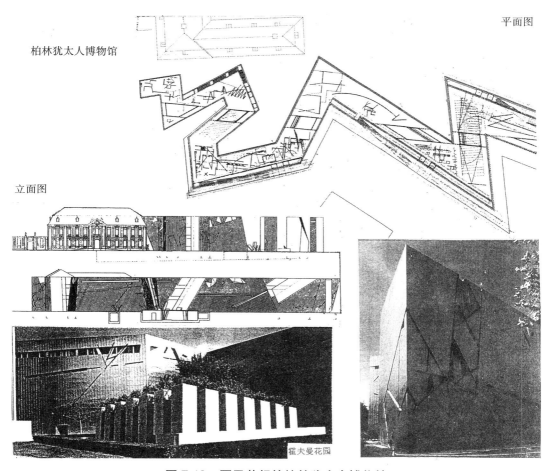

图 7.19 冥思苦想的柏林犹太人博物馆

有的城市如德国亚琛，那里是建筑大师凡德罗的故乡，至今还保留了他童年时住过的一栋房子，并将当地路名命名为密斯·凡德罗大街，引起人们对大师的思念。德国也有许多以音乐家冠名的街道，这里常常与这些音乐家的故事有联系，引发人们对音乐家的回忆与联想，这也构成城市中冥思苦想的空间。

　　柏林犹太人博物馆新馆设计于 1989 年 6 月，获设计竞赛一等奖（图 7.19），建筑师为丹尼尔·李博斯金，他已成为与艾森曼、盖里、哈迪德齐名的解构主义大师。进入这间奇异空间的新馆，有三条轴线贯穿其中，一条通往锐角歪斜组合的展览空间，黑色部分为核心的封闭天井，白色部分为展示空间。另一条轴线通往室外的霍夫曼公园，由倾斜的不垂直于地面的方格平面的混凝土方柱组成。步入其中由于斜坡地面以及歪斜的空间感受使人感到头昏眼花步履艰难，表现犹太人走出国境在外地谋生的艰苦岁月；每根混凝土排柱的顶上种植了树木，表示犹太人生根于国外，也充满着希望。第三条轴线直通大屠杀塔（Holocaust Tower），是一个高 20 多米的黑色空间，人们进入之后静立沉思，回忆犹太人过去经历的苦难，最后以高塔关大门的沉重声响来加深你的参观印象和感受，这是建筑空间光与声的冥思苦想空间的表现。

# 九　旧地重游，化为梦境

## 1　情调效应和对老旧的怀念

　　情调效应指与某种生活方式相联系的情绪体验。乡土情调与乡土生活方式有关，如使人亲身体验乡土生活，并使其情绪产生改变，乡土情调就强化了。有的建筑及景观有异国欧陆情调；有的古迹有破败的苍古情调；罗马的广场有历史情调；等等。

　　每个人在人生的经历中都有许多难以忘怀的情感空间。长大以后离开父母不得不告别童年嬉戏的老屋，那老屋拆了改了又怎么舍得呢？无怪乎现代许多城市人去乡村体验生活，找回一点失落的情感空间。对老屋场所的怀旧会有几处突出的印象：①半开合的空间，有半隐蔽半开敞的特点；②环境条件稳定；③从来不适宜很多人停留；④视觉环境较为单纯，没有浓艳炫目的色彩；⑤在公众目光所及之处，又不被进入干扰。

　　身在其中，有一种放松和无约束的畅快感，中国的传统民居的格局与生活模式，恰恰是最理想的值得怀念的情感空间。

　　旧时的江南水乡给人的印象是小桥流水，宜人的尺度，朴素的水乡，永远地存留在记忆之中，几十年后再返水乡已是面目全非。在向上海、深圳看齐，建设国际化大都市的苏州还引进了新加坡的工业园，古老的城区被夹在中间。新区中的中央公园与湖滨公园吸引着苏州的青年一代，它们与外国的大公园十分相似，大色块、大空间、大手笔，它可以放在任何一个城市里。设计师肯定没有对苏州旧地投入感情，只追求时髦而置 2 500 年的历史于不顾。时髦只是暂时的，现代的年轻人已经失去了寻找古老苏州的归属感，江南水乡的桥和水街，对老年人来说都还历历在目。未来的年轻人又会怎样呢？家乡的房屋、街道乃至一草一木都能让人产生情感，原先熟悉的环境存放着往昔的记忆，珍藏着以往的梦想，旧地重游就是怀旧，又生怕重游以后，引发失落的情绪。

## 2 "小巷探幽" 化为梦境

真正的天津小巷，要到老城区去找，你可以看到这里青砖灰瓦，低檐缦回。小巧的街巷均为典型的步行尺度，估计始于马车时代。小巷通达小街，两侧店铺云集，入口临街，吸引人们进去转转，这种布局使小店老板多半获利。传统的街巷、传统的店铺，前店后宅邻里街坊关系融洽，颇似一个社会大家庭。讨价还价，乐在其中，外来于此的人也融于这种密切交往的购物场所之中。名声在外的耳朵眼炸糕店也在这类店铺之中，规模未见其大，形式未见其新。各种小吃在这种即逛、即买、即尝之中源远流长，何况旁边的耳朵眼胡同风采依旧，这不是活生生的广告牌么？时至今日，时隔数年，这种情景顷刻之间已经化为梦境，在天津旧城改造的喧嚣声中，在经济开发的狂潮之中，天津老城厢的传统意象已经不复存在了。

# 十　人和建筑对话

## 1　建筑作品中的情感与记忆

变化多端的坡屋顶，暗红色的清水砖墙，细腻的细部处理以及灰色调的边框线角装饰，给人一种做工精细、色调"灰暗"的感觉。在天津旧的租界居住区当中及周边，建造了大量的新住宅，一般 4—6 层，也注重与旧格局的结合。暗红色的清水砖墙基调，在阳台、门窗及檐口等部位都加以装饰，常取旧建筑上的欧风图案作为母题，提炼加工，似像非像，感觉新旧之间似乎有一种"血缘关系"。通过装饰符号认识建筑的历史文脉传统特征，这些装饰既有继承又有发展，几乎没有重复使用的现象。在旧的"小洋楼"四周几乎没有什么动迁，遗憾的是住在旧租界里的居民，由于居住条件过于拥挤，楼内楼外乱搭乱建，内外装修遭到严重破坏，昔日的花园洋房成了环境恶化的大杂院。溥仪住过的静园，同住八户，院内搭满了棚子。梁启超的"饮冰室"，楼上下共住八户，共用两个厕所。此类情况不胜枚举，建筑已经失去了居住的情感与记忆。

1926 年建成的德国共产主义革命领导人卡尔·李卜克内西和罗莎·卢森堡烈士纪念碑是密斯·凡德罗的早期作品［图 7.20（a）］，纪念碑是用砖建成的，是一个超印象派和悬挑砖的构图，具有强烈的结构感。在那些抽象的艺术构图中，总是在做形式美的游戏，不分上下地对待各式各样大小的体量。密斯设计的纪念碑采用长方形板片或砖砌的体量，一上一下地组合图形，每块砖砌体以下面的砖砌体为承托向外悬挑，或是重复相似组合嵌入平板砖墙之中。纪念碑是一块很厚的墙，把它当成一块整体浮雕来处理。这个简单的作品说明密斯和德国现代派艺术家们大都站在卡尔·李卜克内西和罗莎·卢森堡大众法庭的一边，认为他们是为了政治理想与民主，为和平而战的烈士。密斯以此诉说了他对这些人的道德品质的钦佩，完成这个纪念碑是他的一段光荣的情感记忆。

柯布西耶为印度昌迪加尔城镇中心广场上设计的"张开的手臂"纪念碑是个奇妙的幻想式作品［图 7.20（b）］，虽然没有建成，但给后人留下了深刻的印象。他使用的15m 高的木构架，顶部是用旁遮普邦当地常用的槌铁做的。纪念碑坐落在巨大的球形基座上，高举起的手臂像个风标可以随风转动，标志和象征国家发展着的事业。白色的立方体以蓝天为背景，把人类高贵的创造性举向太阳，把他要表述的语意说明得一清二楚。

（a）卡尔·李卜克内西和罗莎·卢森堡的纪念碑

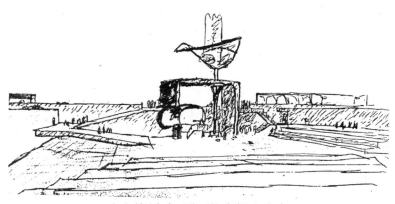

（b）昌迪加尔"张开的手臂"纪念碑

**图 7.20　建筑作品中的情感与记忆**

## 2　"看见又没看见"的无名墓地

无名墓地在日本广岛（Hiroshima）的三良坂町（Mirasaka），由日本建筑师吉松隆（Yoshimatsu）设计。设计采用站立着的 1 500 根 2m 高的不锈钢条，其中再植一株象征性的枯树，同时在两边栽植新生的小树即为无名墓地。无名墓地于 1998 年 4 月完成，其成功之处在于表现人和"看见又没看见"，"建筑与艺术之间的裂缝"的对话，创造了一种短暂的神秘气氛（图 7.21）。

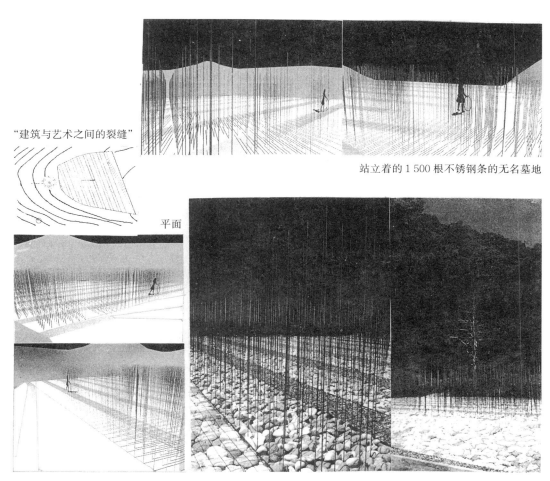

"建筑与艺术之间的裂缝"

平面

站立着的1 500根不锈钢条的无名墓地

图 7.21 "看见又没看见"的无名墓地

## 3 人与石头、古亭对话

大自然中的"石"元素从人类文明之始就作为一种材料显示其魅力，石艺为人类文明史中之瑰宝。苏州古典园林中的狮子林之石趣，游览其中可感受物外的空间神秘。假山石之美，美在石趣和构想，山上布满奇峰怪石，姿态各异，有的宛若蟹、龟，有的酷似鱼、鸟，多数犹如狮子，似睡、似窥视、似昂啸，形态各异。狮子峰为假山之首，石峰之下皆是石洞，有岩壑曲折之妙，有峰回路转之趣。假山石文化俱在"透、漏、瘦"三字。此通于彼，彼通于此，道路可通谓"透"；石上有眼，四面玲珑可谓"漏"；壁立当空，孤峙无倚可谓"瘦"。古人结石为友，以兄长相称，常与之对话。

亭是景观建筑，就必须具有优美的形体和轮廓，但还是以身处亭中观赏周围的景色为主。如狮子林中的湖山真意亭，其本身的造型不太重要，主要此处提供了观赏全园湖山景色的最佳视点。情来自观景，亭所提供的情感空间不在其自身，景有断而意相联。景中之亭欲藏又露，给人无穷无尽的心理遐想，无形之中扩大了空间环境的感受力，人和古亭在风景中得以对话。

## 4 建筑和大树对话

韩国首尔的双树大厦建成于 2010 年 11 月，出于对当地历史文脉的记忆以及城市现代化的变化，还具有认知历史性老城区的意义。建筑师把建筑以原有过的双干大树分形，又与附近被保护的古宫殿形成对比。双树的中缝正对着古宫殿景观，这样的建筑古今对话在尺度和地域性方面都发生了巨大的变化，曲线玻璃幕墙表现树干的中缝，成为现代建筑构造上的一大特色。双树建筑能让建筑和古树对话，又和古老的宫殿产生历史和文化的碰撞（图 7.22）。

韩国首尔分形双树大厦

图 7.22 建筑和大树对话

## 5  新老建筑对话

建筑环境中新老建筑的空间处理方法有：① 以封闭空间统一新老建筑。② 以回廊围绕空间联系新老建筑。③ 广场空间的内部主体建筑统一新老建筑。④ 以第三者作为构图中心统一新老建筑。⑤ 以地面及小品处理协调新老建筑。⑥ 以地下建筑保持原有建筑环境的完整。⑦ 围绕主体建筑形成一系列空间统一的新老建筑。⑧ 以轴线关系联系新老建筑。⑨ 以空间序列联系新老建筑。

建筑环境中新建筑的单体处理方法有：① 高度有所控制。② 体量与老建筑相称。③ 体型、轮廓线与老建筑配合。④ 形式与老建筑呼应。

新老建筑的对话关系在旧城市改建与保护中十分重要，天津的老西开教堂，建于1916年，是法租界浪漫主义风格的代表作品，有较高的艺术价值。当初建于教堂前面的国际商场，面对繁华的滨江道商业街，如何与老西开教堂和谐共处，是设计师重点要解决的环境关系问题。将新建的商场放在教堂两侧对称布置，体量又不宜过大过高，以保证教堂景观不受遮挡，采用土黄色平顶，墙面出挑混凝土浇筑成型的砖红色连续半圆拱券和竖直壁柱；弧形窗套，开了几个梅花型的装饰窗；力求使之与教堂调和一致。但由于商场二层悬挑过大，造成强烈的压迫之感。新老建筑的对话要以完善的城市设计为前提，失误的建筑性质与规划落位，多大本事的设计大师也无能为力！至今这座原来的城市标志的大教堂已被淹没在楼群之中，在后期的改建中完全丧失了原先对话的意图。

# 第八章 建筑与美

建筑具有艺术性是毋庸置疑的。古今中外的建筑师必定要有较高的审美素养，才能创造出高超的建筑艺术作品。柯布西耶曾经描写过两位古代的建筑艺术家，分别是米开朗基罗和菲狄亚斯，两人相距约 2 000 年。他们都是天赋和激情的模范，他们的作品圣彼得大教堂的雕刻和帕提农神庙都具有永恒的价值，任何时期的作品都不能与之相比。两千年来，帕提农神庙留给后人的是一个建筑的时代，米开朗基罗的雕刻也代表了一个时代。菲狄亚斯、米开朗基罗、柯布西耶都是天才艺术家，代表永恒的时代，成功的片刻。

没有激情就没有艺术，没有激情的作品就不能唤起人类的感情。在采石场上的岩石是没有生命力的物体，但摆在圣彼得大教堂的拱顶上则别有艺术性。建筑是人类生存和表现人和宇宙关系的舞台，当今的建筑大师都以艺术的激情去创作他们的作品。

## 一 建筑是后审美艺术，还是审美艺术的先锋

建筑教育历来把建筑视为后审美艺术，城市中的建筑立面常被人们当作审美对象来看待，人们评判一座城市或建筑的标准都有"美与不美"的问题，这就使城市空间和建筑立面陷入了一种被审美的境地。建筑好像与造型艺术等同，建筑创作也就成了创造"美的形式"的活动。城市也一样，历来都被当作一件伟大的工程艺术品来看待，在领导与市民的过分关注下，其空间上的艺术性和实体造型的美丑成了城市设计中考虑的核心问题。然而这种认识对于现代化城市不完全适用，因为城市的发展建设速度与变化的幅度大大出乎设计师、规划师和决策者的意料。一些过时的美学原则，如多样统一、均衡韵律、中心与轴线等，均无法解释当今城市中出现的奇怪的建筑现象，城市建筑已经不能作为孤立的审美对象存在了。所以过去人们反对形式主义的审美观，就是反对从形式出发设计建筑，反对把形式当作设计的目的。不能限定建筑师非得去创作自认为"美"的式样的房子，但是城市与建筑都是人们被动地接受的审美对象，这就使人们对城市风貌与建筑风格的研究陷入了困境。因此当代西方涌现出了"无准则的城市与建筑"作品，引发大家对建筑属于后审美艺术的思考。

"后审美"概念认为，美的艺术品是指本身具有审美属性的艺术品，而"后审美"艺术本身则不具有这种自身直接的审美属性，它的审美属性是后人加上去的，是间接产生的，建筑艺术就属于典型的后审美艺术类型。建筑通过被人们使用和感知，以双重方式被人们接受而后才产生美感，建筑本身最初并不是为了审美目的而被创造出来，它的审美属性是后来派生出来的。

建筑之美出自建筑创作的"合目的性"，即合乎设计目的的建筑、好用的建筑、功能完善的建筑必定是美的，适用之中就含有美观。早在 20 世纪 50 年代末，天津大学徐中教授的论文《建筑与美》就提及建筑美的"合目的性"，他认为华而不实的形式主

义的作品不会是美的，符合功能需要的建筑就是美，不符合使用要求的体育场，演出功效低下的大剧院、音乐厅，不论什么外形与风格都不会是美的。天津的北安桥的外形照抄 19 世纪法国巴黎的亚历山大三世桥的样式和细部，不仅不美还有些低俗。一座建筑如果功能合理、实用而有功效，即使立面简单朴素，也会给人以美感。上述道理的实质是"形式跟随功能"。然而后期摩登主义以后的许多新先锋派的设计理论又提出"功能跟随形式"，即建筑形式是首要的，建筑本身就是艺术品，设计要从形式出发，要破坏过去的设计传统，要反建筑。建筑是后审美艺术还是审美艺术的先锋？先锋派的大师们正在创造和传统观念完全相反的艺术作品。

2002 年纽约世界贸易中心的重建方案是从上百个方案中优选出来的，最终选出来的是李博斯金的作品，和与他最后竞争的坂茂（Shigeru Ban）的美丽玻璃双塔方案相比，李氏方案不是追求建筑的造型之美，而是取其在高楼围合中的纪念性广场为中心，以纪念性构想营造出的不可忘怀的意境之美而中选。又例如伦敦第四频道电视台总部是 1994 年建成的，体现其在街道转角处造型与落位之美。建筑立面形象设计为城市环境中的标志物，必须独具匠心，别出心裁的立面之美，标新立异。

盖里设计：纽约哈德逊河畔巴德学
　　　　院的演艺中心

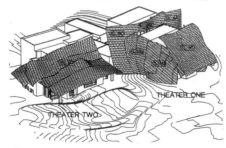

剧场一

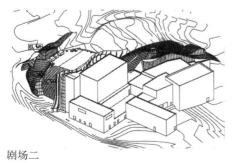

剧场二

穿插交替的曲面钢板包裹着建筑

**图 8.1　分离、重组、移植的由穿插交替钢板包裹着的演艺中心**

我们从盖里的作品——纽约巴德学院的演艺中心看到的是穿插、交替的曲面钢板包裹着的建筑，只有分离、重组和移植的艺术要素，没有任何功能的痕迹（图8.1）。

## 二 是建筑又像雕塑，是雕塑又像建筑

### 1 是建筑又像雕塑——作为雕塑艺术品的建筑

古希腊就把建筑作为一种空间造型的艺术，所以源自希腊的建筑学一词（Architecture）就有艺术的含义，建筑学本质上就有视觉观赏的内涵。那时建筑师建造的帕提农神庙就像是艺术家创造的雕塑艺术品一样被审美，成为建筑古典美的经典之作。20世纪摩登主义大师密斯·凡德罗常常从他的建筑模型上审视作品的造型效果，求得"少即是多"最简练的建筑之美。在城市环境中，人们寻求那些具有雕塑艺术美的建筑作品，只有成为城市中雕塑艺术品的建筑，才会具有永恒的历史价值。现代雕塑家亨利·摩尔和考尔德的雕塑作品，把雕塑艺术演化为环境中的装置，成为建筑环境中的重要设计要素，再组合在建筑设计之中，把现代雕塑和摩登建筑融为一体，加强建筑的艺术感染力。建筑可借助雕塑艺术的语言传达某种思想性，这自古以来就是建筑艺术的特征。把雕塑作为建筑中的一个有机组成部分也是常见的手法，美国建筑大师约翰逊设计的后期摩登主义代表作纽约电话电报总部大楼，楼顶上的古典断山花缺口，入门大厅内的古典雕像，都是以古典雕塑的手法诉说现代建筑中表现历史文脉的设计主题。文艺复兴时代的雕塑艺术大多巧妙地落位于建筑，像罗马圣彼得大教堂在建筑中落

大卫·费希尔 设计的达·芬奇塔

福斯特等人设计的里米尼大楼

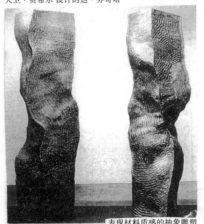

表现材料质感的抽象雕塑

亚洲国家新兴的超高层摩天楼风潮

美国辛辛那提大学的建筑、艺术、规划学院

哈迪德的抽象绘画

**图8.2 是雕塑又是建筑的新潮**

位的"摩西像"或巨大的"穹顶画",把建筑塑造成雕塑作品的壁龛或边框,衬托出雕塑之美。中国古代庙宇中的神像也都恰如其分地落位在建筑特定配置的龛座上。承德的普宁寺、蓟县的独乐寺观音阁中的大佛立像,面部有可外视的高窗。罗汉堂的田字形建筑平面的天井供数百罗汉的面部采光。现代建筑则采用摩登的手法把雕塑巧妙地落位于建筑之中,例如凡德罗设计的西班牙巴塞罗那展览厅中的一个小小的庭院,采用闪亮的钢柱、黑色玻璃、绿色大理石墙壁,衬托出水池中放置的全身女像,创造了一处经典的建筑与雕塑融为一体的美妙境界。现代澳大利亚艺术家汤姆·科瓦奇(Tom Kovac)的建筑艺术创作把抽象艺术雕塑作为高楼住宅的设计原型。

## 2  是建筑又像雕塑,是雕塑学建筑还是建筑学雕塑

在漫长的建筑历史中,建筑如同雕塑一样成为视觉艺术品,如果说建筑是人类思想意识进化的反映,那么雕塑则是其中有创造性的细部,建筑与雕塑同样有线条和细部的表现力,可以表现明亮的表面与阴影之间的对比效果。米开朗基罗作为一位雕刻家却更像一位建筑师,他的"摩西像"坐落在圣彼得大教堂中特定的恰如其分的位置上。建筑如同雕塑可以做成各种形式,作为一种空间造型艺术具有观赏意义。建筑师创造的建筑作品也如同艺术家推敲他们的雕塑艺术品一样,经过长时间的审视和思索,以求得更美的造型。在城市环境中,人们都在寻求那些具有雕塑美的建筑艺术作品。

建筑具有"可塑性",未来主义与立体主义艺术相结合发展成为构成主义,谋求造型艺术成为纯时空的构成体,用建筑实体表现幻觉,构成是雕塑又是建筑的造型(图8.2)。构成主义的艺术思潮为现代最流行的解构主义奠定了理论基础。当代的解构主义作品从其新美学理念出发,甚至引领当代的艺术思潮。

# 三  现代建筑从装置艺术走向地景艺术、环境艺术

## 1  雕塑与建筑向新的空间挑战

传统的西方雕塑原本是放置在室外广场的,当人们逐渐有了"保存"及"收藏"艺术品的观念后,露天广场的雕塑逐渐移到室内,向室内及户外两种形态发展。同时画家和建筑师都开始在抽象构图中重新寻求三度空间的视觉效果。20世纪60年代,以后在平面构图中思考立体效果的努力被画家和建筑师实现了。"装置艺术"是新雕塑和绘画共同向展示空间挑战产生的结果。"装置"是视觉摆脱平面性、摆脱艺术固定视觉焦点的成果,是现代艺术家对更大空间思考的艺术,建筑艺术则更具有这种空间艺术的代表性。

装置艺术从绘画与雕塑的束缚中解脱出来,需要更活泼的空间,许多前卫的装置艺术家把作品移到户外广场,艺术家也和建筑师那样开始有了更广阔的展示空间,而且不像传统雕塑那样只有雕和塑两种技法,还介入了多种新材质:布、铁管、渔网、木棍。艺术作品也广泛地使用缝、焊、绑、锁、拴等不同的技法来完成造型,使观众可以从各种角度欣赏,甚至可以走入其中,把雕塑变成类似建筑的空间。装置艺术展示的空间就像是构成主义的建筑作品。画家瓦萨雷里(Victor Vasarely)利用色调的深浅及几何

形的排列造成平面画面产生隆起的起伏效果，从平面发展为三度空间。俄国构成主义的建筑作品和装置雕塑，如1968年勒维特（Sol Le Witt）的作品"三个部分"有异曲同工之妙（图8.3）。勒维特运用了造型上最基本的"方形"作为结构基础，用平面的"方"、立体的"方"组合成一个基本方形最简单的形式，达到极复杂的视觉效果。这项装置布满整个空间，使人在秩序与非秩序之间体验一种从简单到复杂的视觉历程，使展示空间生动起来。装置艺术家的作品和构成主义建筑师的作品一样在传达新的空间观念。

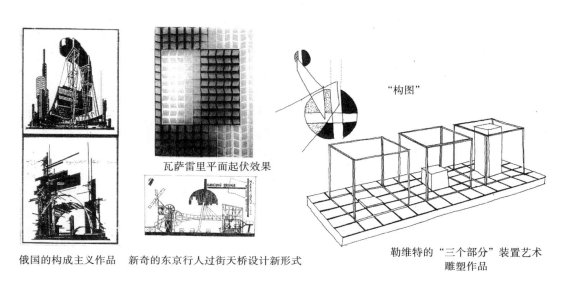

俄国的构成主义作品　　新奇的东京行人过街天桥设计新形式　　　　　勒维特的"三个部分"装置艺术
　　　　　　　　　　　　　　　　　　　　　　　　　　　　　　　　　　　雕塑作品

**图 8.3　雕塑与建筑从装置艺术向新的空间挑战**

## 2　环境艺术、地景艺术向时间与空间的扩展

　　环境艺术包括的范围非常大，装置艺术逐渐扩大领域使建筑艺术的构成脱离了焦点集中的传统造型，对空间环境有了更大的扩展。展示的空间包围着观赏者，环境艺术包含了雕塑、装置，还扩大到地景及生态艺术。

　　雕塑家考尔德（Alexander Calder）的作品一般被归类为动力雕塑，他将金属线和金属片连接起来，利用重力间的平衡关系，使悬挂起来的作品在空中运动。20世纪英国著名雕塑家亨利·摩尔的大部分作品都置放在露天场所，不再是单纯的雕塑，他非常注重作品与整体环境的关系，注意人的身体在靠近及穿过他的作品时可能发生的变化。亨利·摩尔的作品"两个人头举着手臂"摆放在纽约林肯中心的巨大水池中，成为"潜在意识世界"最有力和最自由表现的源泉。考尔德的"喷火鸟"，放置在西格拉姆大厦前的广场上，是超尺度现代建筑与抽象艺术的最恰当的融合。考尔德创作的动感雕塑，是应用现代科技成就和天然动力创造出活动的，有声响、气流、光电变化效果的雕塑，使人置身于特殊艺术情趣的环境感受。此外，山野中的细腻景观，农民取自大自然的盆景杰作，用树皮制作的花盆野趣等，都构成自然生成的环境审美情趣。

福建的惠安到崇武段的海滨新建了一处雕塑公园，作品繁多而无奇，只是海边天然的礁石中出现了一些新潮的地景艺术品。把天然造型的礁石略做加工，塑成海龟、鱼身等，引人注目。雕塑家超越了装置艺术，跨入了环境地景艺术的创作，令人耳目一新。20世纪末的现代雕塑艺术向新的空间提出了挑战，装置艺术和环境艺术都明显地背离了传统艺术的素材、空间、观念，而需要新的、不同的展示场所。20世纪60年代有一大批雕塑艺术家在探索雕塑艺术的空间问题时，打破了传统的必须有一个固定空间的台座的概念，雕塑变成了装置和环境。装置是现代艺术家对更大空间的思考，其更新了空间，也更新了视觉。把传统艺术对实体的努力转变到对空间的关注、对静态的革命，展示空间的活泼性与自由性，从多种角度欣赏，甚至走入雕塑之中。装置艺术扩大领域脱离了焦点集中的传统雕塑造型，扩大到了地景艺术、环境艺术和生态艺术。

　　现代装置过渡到环境艺术，便是在传统固定空间艺术中又加进了"时间"因素。一个环境在不同的时间行进过程中，外在客观条件的变化，如时间、日光、雨、风、群众，都可能构成环境艺术的重要因素。因此，时间的行进构成艺术中重要的一环，也改变了艺术与空间原有的固定关系。环境艺术创作从室内到室外，从广场发展到更为广大的

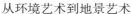

从环境艺术到地景艺术

**图8.4　罗伯特·史密森的"地景艺术"作品**

地景，把艺术的素材从金属、木头、石头、纸、布，扩大为宇宙间的风、日、月、雨、星辰、土地及植物，这是认识到"时间"因素以后现代艺术的质的变化。

地景艺术和环境艺术最大的不同是向更广大的时间与空间挑战，艺术家用的不是画笔、凿子、刀斧，还有现代科技的推土机、挖路机等。地景艺术更彻底地反画廊、反封闭性，把艺术家的作品带到大自然中间去。地景艺术是把绘画和雕刻放大到地理结构的尺度，用现代科技的各种媒体在地面上进行大跨距的造型工作。

著名地景艺术家罗伯特·史密森（Robert Smithson）1970 年在美国犹他州的大盐湖用石头做成了1 500 英尺长的"螺旋防波堤"和"尤卡坦半岛上的镜子装置"，这些作品已成为地景艺术史上的名作（图8.4）。

扎哈·哈迪德（Zaha Hadid）的埃及开罗城市设

模拟自然地形的开罗城市中的展览城

**图 8.5　建筑如同大地上的雕塑**

计方案占地约 45 万 m²，包括商业、旅馆、展厅、会议中心，两处分别为 31 层及 33 层的办公塔楼和商业中心。展览城在市中心和机场之间，建筑组群弯曲变化的形态取自尼罗河自然形态之意境。这是模拟适应环境地形又创造环境"平地起波澜"的设计模式，以城市周边环境为背景，又以人工方式模拟大自然的空间与地形的形态，体现人与自然和谐共存的原型情结。建筑形体已逐渐模糊于景观与地形系统之中，设计布局形成类似大地起伏的抽象几何形态，建筑如同大地艺术的雕塑（图8.5）。

# 四 动势之美与流体结构

## 1 现代艺术中动的因素

1912年杜尚（Marcel Duchamp）创作的作品"下楼梯的裸女"，试图把时间因素介入到原来静态的绘画之中，使画面上重复女子下楼梯的连续动作。这种使平面的绘画"动起来"的欲望在20世纪初变成艺术家努力的动力。20世纪60年代瓦萨雷里的作品也明显地利用视觉上的幻觉效果，使平面的、静态的绘画凹凸起来或扭曲起来，产生"动"的假象。艺术家们想打破绘画艺术长期以来的静态性质，传统的艺术一直追求的固定视点、固定光源、固定时间中的准确性。自从杜尚把时间的因素介入绘画后，绘画发生了巨变，艺术的展示空间随之出现了空前的变化。考尔德用电光、动力的活动雕塑陪衬建筑，如1940年创作的"小蜘蛛"挂在贝聿铭的建筑作品——华盛顿国家美术馆东馆上空，在动的变化下欣赏两种不同速度的缓慢运动造成视觉上的吸引，也构成环境的变化。动力艺术大量引借现代科技的声光变化，开始把绘画、雕塑、

杜尚的"下楼梯的裸女"

考尔德的"小蜘蛛"

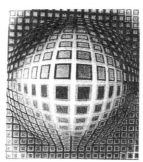

瓦萨雷里的"维克托"

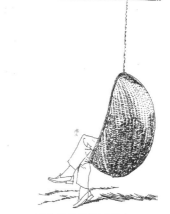

运动着的吊椅可使人
身心松弛

图8.6 现代艺术中动的因素

舞蹈、音乐、戏剧和建筑结合在一起，变成一种现代科技与艺术的大结合（图8.6）。

坐在摇椅上的人，在他不用力时，摇椅的惯性摇动会使他感到比坐在普通椅子上要惬意，这就属于一种被动式休闲。因为摇椅惯性摇动直至完全停止，摇椅上的人没有采取任何主动的行为积极地去配合，只是坐着的同时被动地接受摇椅的摇动，由此产生乐趣，这是动感中产生的乐趣。城市中的动感空间在视线的快速运动中注重景观的连续韵律，强调色彩与线形的变化，步移景异。

## 2 流动空间与动感视觉

现代抽象表现主义艺术家用一种情绪化的，偶发的，冲撞爆发的方式完成另一种"动

感艺术"。他们都特别重视创作过程，有速度又有表现力的东方泼墨画和书法线条，很有动势之美。

    20世纪初，赖特的建筑空间论取代了传统的建筑六面体的立面设计，是建筑学领域的一大进步，功能空间的内容取决于人们在空间中的行为需求。1949—1959年赖特晚期的作品纽约古根海姆美术馆，把人的观赏行为过程安排在螺旋上升的坡道上，以流动空间中的动感视觉体现展览厅的观览功能。赖特首次把时间的因素引入建筑的空间设计之中，参观古根海姆展厅时就像人在街道上活动时看到的情景，有运动中的空间视觉特征，沿坡道前行时，感受的空间景象是移动中的视景。赖特在这个作品中首次建立了流动中的视觉秩序，创造了建筑空间造型的连续性特征。赖特设计的纽约古根海姆美术馆以圆为母题，沿着展廊与交通兼用的螺旋形大坡道盘旋而上，转六圈之后，止于圆形的玻璃天顶之下，形成一个高大的圆桶形共享空间。他运用连续旋转的流线布局，创造了惊人的动感造型的建筑，由此，当代新潮的建筑形态采用旋转法生成的案例层出不穷。

    当代的现代主义大师们发展了赖特流动空间的理论，又进一步追求有变化的曲面空间和各种奇异变化造型所引发的视觉上的动感。像解构主义大师彼得·艾森曼、扎哈·哈

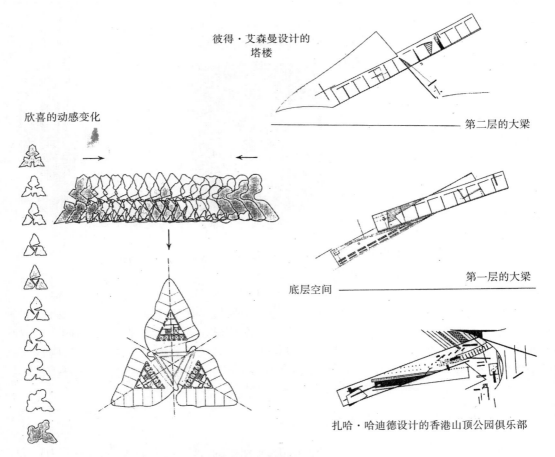

图8.7　视觉动感空间设计

迪德等人的作品（图8.7），都在追求那种分层的空间穿插与空间交替的布局，以表现视觉的运动与变化。他们运用系列的曲面或断裂的面营造建筑的整体面貌，从而使作品的空间抽象化。日本建筑师隈研吾设计的别墅在楼顶上透过玻璃波动的水池像是一望无际的水岸，创造了动感视觉与大自然的流通效果。艾森曼设计的塔楼，高200m，变化的曲线平面、奇异的造型引发视觉的动感。

哈迪德设计的香港山顶公园俱乐部方案是水平的摩天大楼，分层的空间与穿插交替的平面布局，表现了视觉的运动与变化。她用一系列断裂的面去营造建筑和整个场地，从而使山地表面抽象化。俱乐部本身位于13m的高空处、悬吊在第二层顶部与顶层下方之间，像一个"宇宙飞船"和"悬吊的卫星"。整个设计既不考虑场地特性，也不排斥历史，设计本身就像是把一些板条之类的东西，随意丢弃在山上一样。

## 3 流线空间中的动感视觉

人在道路上行走能见到的各种景观，有运动中的视觉特性，沿途经过感受到的空间是移动中的视觉景观，有清晰的视觉秩序。道路系统设计是表现穿越地段、展示动感空间的方式，道路和小径上由透视点所见的形式各不相同，因此路径要有明确的走向，改变方向时要合理。长直的街道似乎不通达任何地方，是"无限"的景观，开放或封闭布置的建筑群或植物群落，有助于增加沿线动态景观的变化。路线上的动感视觉也取决于行进的速度：高速路顺畅快捷，行人的行动有如流水，有明显的流动动量，而且必须具有趣味性及景观内涵。

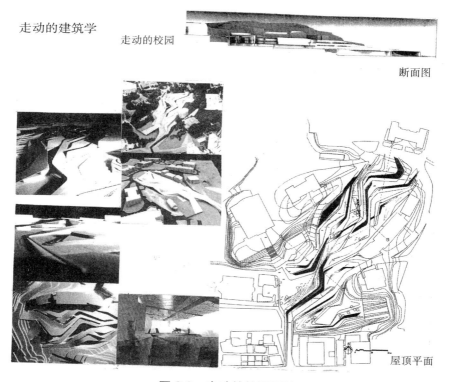

图 8.8　走动的校园设计

人们的每一个动作或每个瞬间总是由前一个感受所引致，前后的空间与时间相联系。人在有组织的空间中活动，既包括对空间的静观，也包括对空间的动态观察，由"点"的单个观赏，向"线"的群体运动转化，"步移景异"、"得景随机"，是时间与空间渗透的意境深化。在连续和谐的空间序列中，视觉的变化是体验空间的过程，由明到暗，由冷到热，由闹到静，脚下地面的触觉都对人的空间感受产生作用，这些都是通过可感知的运动完成的。人们通过漫步体验空间界面的上升与下降，体验城市空间的真实尺度。城市设计是与时间相关的艺术，在气候和光线条件下被人们观察体验，不同的人会有不同的空间意向。城市快速捷运系统的建设可供居民体验城市空间中的时间与运动。

在梨花女子大学的校园设计竞赛中，哈迪德完成的方案被形容为"走动的建筑学"，在不寻常的地形地貌的变化中构成一处反常规形式的地图式景观场地设计（图8.8）。在校园中开发地下空间，创建城市的交通换乘中心。设计特点是遵循土地的原始形态，布置一个线性校区流通中心，建筑好像是地下鼓起来的一条峡谷，又像是天然重力压下去在地面上产生的一条裂缝，有通顺的流线导向运动感，设计构想的奇妙给人们以新奇的观赏乐趣。校园中有很多公共性的功能组合，如商店、剧场、大阅览室和面向前端的舞台。行政空间和教室在后端，三层为学生中心，两层、地下层为设备层及停车场。顶面为建筑平台，学生中心在地下，只见地面上割开的采光断缝，割断的地面裂缝是下面教室中有效的采光墙壁，教室中线形的墙光别有情趣。在入口处，分配较多的公共性和有采光需求的空间。

德国莱茵河畔维尔LFone园艺展廊的流线展览厅，由哈迪德设计，服务于1999年维尔园艺展览会（图8.9）。设计理念是把展览厅融入大地域的园艺花园之中，建筑的内部空间从属于外围路径走向的地理网络。建筑在整体的坡地背部升起，室内周围被三个方向的S形曲线道路包围，外面有四条小路汇聚于建筑之中，形成波动感的空间。建筑内部划分为展览大厅和咖啡屋两个主体空间，沿着小路和等高线布置的一些辅助房间，隐藏在建筑的底部。室外平台在咖啡屋的南面，一部分在大厅的体量之中，一部分埋在地下，可获取覆土的地下气候效应。在展览空间上面，下沉的屋顶成为开敞的"阁楼"，"阁楼"的功能是连接公共小路，在地面水平交汇于建筑。

## 4　建筑是时间的机器

时空观和审美观直接引发了建筑领域的变化，最突出的变化是速度、空间与时间的相对关系，在建筑上体现为注重时空一体的空间体验。具有多面性的多面体建筑会给人多维度的动态感受，以及建筑对速度和动感的审美追求。在哈迪德的作品中充满不稳定的运动感，空间在运动中交替与穿插，动态流线将时间因素加入到建筑空间之中。线性流动的建筑形态将建筑师对速度空间的追求表现得淋漓尽致。

2006年UN Studio在德国斯图加特奔驰汽车博物馆的设计中，把几个放射形的螺旋形空间组合在一起，创造了全新的博物馆建筑新类型。设计构思是探求采用圆形表面的建筑体量解决博物馆的展览功能。采用圆弧的外形和创新的处理手法，使博物馆的平面图中没有直线，圆形曲线表现的喻义是"人与方向感的交流"。圆形也喻义汽车的流动感，采用无转角的墙面、楼板和吊顶，使人的视觉关注于曲线和椭圆形的表面，从而产生有深度的连续的曲面空间。当人们进入博物馆中，会惊奇地发现可以连续地观看汽车展品。采用半循环式的坡道，把握参观者动态中的透视效果，使他们高低远

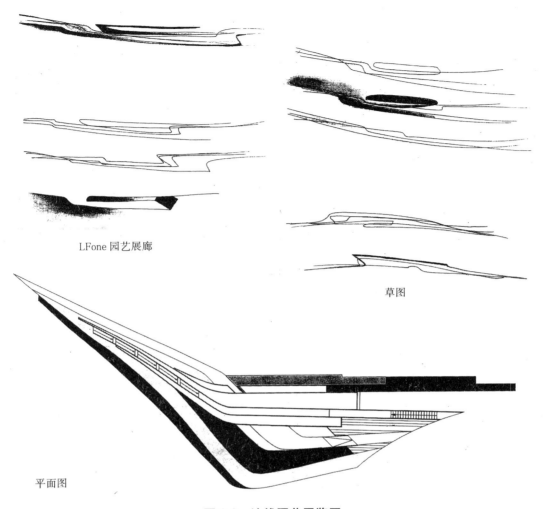

LFone 园艺展廊

草图

平面图

图 8.9　流线园艺展览厅

近都能观赏到汽车展品。

奔驰汽车博物馆创造了一个流动、连续的观览路线，空间中见不到一条直线，其原始的构图图解是一种拓扑几何形图案——"三叶纽结"，以旋转对称的方式形成空间上的双层螺旋结构。三叶草的每片"叶子"是展区的平台，均围绕着中庭的"叶根"布置。三叶形的空间螺旋上升，以平缓的坡度联系各个部分，形成内外全都平滑连续的空间。盘旋而上的建筑犹如一个复杂的几何迷宫，长长的展示基座和全景式的展览空间产生了全新的博物馆流动空间设计新理念。同时在博物馆中，人们还能看见展览汽车后面室外道路上奔跑着的汽车车流，这成为展厅的环境背景。

自 1959 年赖特设计了纽约古根海姆美术馆至 1977 年伦佐·皮亚诺（Renzo Piano）设计了暴露结构与设备的巴黎蓬皮杜艺术中心，在此期间设计经历了许多空间的转型和立面的变化。然而 2006 年的斯图加特奔驰汽车博物馆是机器和运动时代的产物，是表现最摩登的汽车机器在建筑中展现的流通空间与动感视觉的新型建筑，是一座由流动空间与动感视觉理念发展的"时间的机器"。

　　流通大桥上的"空中大厅"是哈迪德设计的北伦敦大学校园一处跨过城市的大桥场地。原来校园与霍洛威道路网的连接设施只有地下铁路，现有的校园内部自我环线布局，是城市网格走廊的下一级层次。规划大桥的延展要跨过霍洛威大道，视觉上像一捆木头纤维跨过校园到达现有的建筑核心区，形成循环道路，表现校园中的空间流动。在霍洛威大道上生成了一处快速路上的内廊，桥上有问询、告示等设施，把城市活动的信息像放映电影似的带进了校园。跨过大道的大桥式的连接建筑被称为"空中大厅"，还包括一部分咖啡屋、图书室和研讨教室。结构以旁边的钢架步行桥支撑，结构提供了光影的韵律（图 8.10）。

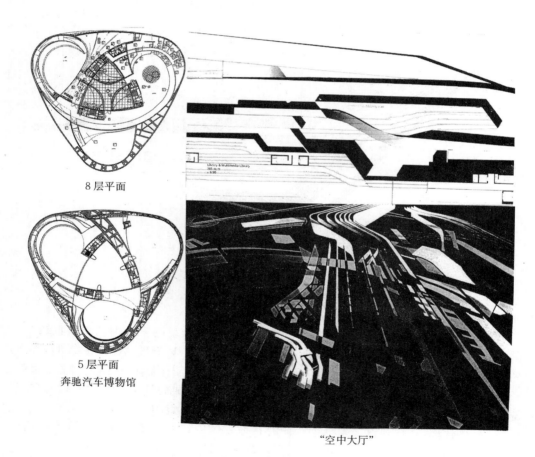

8 层平面

5 层平面
奔驰汽车博物馆

"空中大厅"

**图 8.10　奔驰汽车博物馆和"空中大厅"**

## 五　虚幻空间，光影之美

### 1　光作用于材料的动感立面

　　建筑师常常运用材料的光感效果达到动感视觉的效果，人对光线的感受十分敏感，赖特认为建筑中的光的重要性犹如空气对于人一样。闪烁的光线、反射的光线、通透的光感、空间中的开合都是建筑与自然光线休戚相关的基本设计元素。早在1936年赖特设计的约翰逊公司总部的办公大厅中，由无数灯管组成的发光顶棚，加在"混凝土的蘑菇柱"顶上，创造了天光之下森林般的室内光感。古根海姆美术馆圆形的共享大厅，以美丽图案组合的巨大玻璃天顶产生奇妙的光影效果被誉为"阳光之庭"。他精心设计的彩色玻璃门窗、天顶均有精美的图案，空间中充满闪烁着的光感效果，赖特认为："材料是大自然奉献给感觉的礼物。"巧妙地搭配材料的质感与肌理，在光的作用下所创造的动感视觉才是材质蕴含着的外在的诗意之美。

　　现代建筑材料技术的进步，使光作用于表皮材料不单是视觉的感知，更加入了改善功能的意义。上海世博会的德国馆，采用网状透光性建筑布料，表层织入了金属性银色材料，可反射太阳辐射，就像建筑的外层皮肤，遮阳且具有防止馆内热气聚积的效应。意大利馆采用的创新混凝土，在传统混凝土中加入了玻璃成分。

　　各种程度的微妙变化使半透明成为当代建筑表皮表现的重点。当建筑表皮为透明时，视觉的内外的区分消失了，建筑表皮成为一个抽象的概念，此时内外空间的心理区分也消失了。当建筑表皮为半透明时，内外区分的感觉就是模糊的。使建筑材料获得半透明的表面效果有无数的方法，这也挑战着

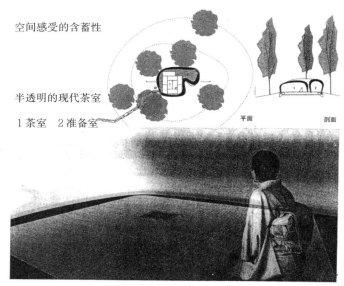

空间感受的含蓄性

半透明的现代茶室

1 茶室　2 准备室

平面　　　剖面

半透明的现代茶室

隈研吾设计的茶室

**图8.11　法兰克福充气茶室**

建筑师的创造力。当代建筑师在这个领域进行了大量开拓性的探索，如磨砂玻璃、穿孔金属板、金属丝网、合成膜、多层透明材料的叠合等。合成膜成为建筑师青睐的材料，其原因就在于它的半透明性。

建筑表皮对轻质的追求源于"临时性"，伊东丰雄将当代建筑比喻为"铝制的易拉罐"，其含义是指当代城市建筑的不恒久、易变性、临时性、可随时抛弃性。在这种观念下，人们开始追求一种界限模糊、体量轻盈以及漂浮朦胧的精神体验，用材料的软与轻的属性表现形体的柔软与轻盈。日本许多建筑师喜欢用某种方式表达轻盈之感，他们追求建筑的"轻"与"弱"的特质——轻盈、光滑、柔弱。半透明的充气茶室充分体现这种虚幻空间的光影之美（图 8.11）。

## 2　建筑立面转化为光的表皮

建筑立面上的虚实对比和光影可以构成形态与光影之美的视觉效果，当代建筑运用高科技材料、金属、反射玻璃，充分表现"技术之美"。后现代派则运用传统材料与新材料的组合，强调历史与现实的联系。解构主义运用高技术材料，追求冲突、碰撞、扭曲、歪斜、破碎化等反常规之美的表现力。因此各种轻质材料如金属板片、钢板网、百叶隔栅、编织物等实体现代材料取代了沉重的墙体立面，并常常涂以颜色使之进一步虚化。运用玻璃幕墙做光与透的处理，创造虚幻的意境，有时立面上只用几根柱子或一片墙、一些构架，暗示某些开放性的空间，在造型上形成"虚"空间，虚中有实，实中有虚，其中还包含着阴影的变化。玻璃幕后面的"空中之门""空中之屋""空中花园"使建筑形体虚化。丹下健三曾说："精彩的不是一座建筑，而是凭借它们巧妙的配置而形成的环境。"

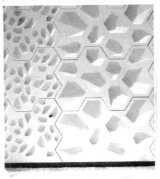

图 8.12　2013 年建成的西班牙科尔多瓦现代艺术中心的光影

"光"不仅是建筑设计中的一种可以运用的空间材料,光影在立面上更能揭示墙体材质的肌理、表情,从而影响建筑的性格。光创造了人类视觉能够感知的"物体色",光的强弱,顺光或逆光,会得到不同的视觉印象和色彩效果。建筑师让·努维尔2001年设计的西班牙巴塞罗那阿格巴塔,表现玻璃材料与光线的不确定性,使高塔建筑在城市的天际线中若隐若现,光的效果丰富而精彩。立面上的物影对墙体有装饰的作用,有时立面上采用通透的遮阳构件、结构构件、采光口的划分方式等物影所形成的装饰作用比在墙上铺贴材质形成的纹理更为生动、奇妙。光影能随时间的推移而产生微妙的变化,阴影和它所承受的载体之间可看作图形和背景之间的图底关系。光强时阴影是

图 8.13　美国洛杉矶大街上的城市灯火

图形,载体是背景,光弱时则反之,造成有趣的光影的变化韵律,给立面上带来活力。如2013年西班牙科尔多瓦的现代艺术中心等(图8.12)。

建筑立面转化为"表皮",建筑表皮可转化为信息的载体,现代数码技术在建筑表皮上的应用日趋广泛。计算机图像数码技术的运用,多维复杂方向的曲面和各种异形空间构件,在新潮的建筑作品中创造出不寻常的建筑形象。伊东丰雄设计的"风之塔"通过计算机程序的转换把信息注入到建筑的表皮上。以数字技术在建筑表皮上传递信息的作品有很多,如韩国大百货公司的光电变色玻璃的立面、梦露大厦等。美国洛杉矶大街把玻璃幕的高楼设计成一个可变化灯光色彩的地毯式图案的光彩立面,以LED交替变换彩色照明,由计算机控制光的色彩变化(图8.13)。

## 六　建筑环境中的艺术品

漫步在城市的街道上，随处可以见到一些雕塑、壁画或绿化小品，用以美化和装饰城市与建筑。精彩的作品常常给人以清新和美的感受。恰如其分地运用精致美观的艺术品、水池、地面铺装、景观小品以及光线阴影所创造的可认知的场所，可使社区居民产生自豪感、亲切感。美国联邦政府曾推行一项立法，即重大的建筑工程要抽出0.5％—1％的预算用作艺术品装饰的费用。从规划设计开始即须遵守，认为艺术家与建筑师将携手进入一个新时代，他们之间将创造一种新发展的领域，从许多作品中已经看到了这个迅速发展的良好开端。

在城市中运用艺术形式配合环境美化生活的优秀实例有很多，举例如下。

### 1　螺旋曲线上升的观景亭

螺旋是自然界常见的一种形态组织方式，螺旋的空间通过构成元素的动态旋转而产生。运用连续旋转操作可以获得动感造型，当代建筑形态采用旋转手法生成的案例层出不穷。

韩国在安阳旅游风景区山顶上有一条小路直达观景亭，观景亭落位在山顶上，登亭可把山峰全貌纳入风景之中。通达山顶的休闲小路是公园中最基本的景观要素，由这条螺旋上升的小路引发出螺旋观景亭造型的构想（图8.14）。公园小路沿山坡的等高线由两条弯曲的线路上升，一条为外螺旋型线，另一条为内螺旋型线，两条线路在等

视觉动感空间设计

图8.14　螺旋曲线上升的观景亭

高线之间的宽度不同，最小处宽 1.5m，两条曲线沿等高线构成上山的导游路线，小路的坡度一般不大于 1/10，总共 146m 长的小路上升 4 环可达山峰的顶部。观景亭总建筑面积 160m²，亭的内部是空透的空间。内部布置了小型的展览设施，也可用作表演空间，并可让游客们俯视远处山体下面的风景。小路环绕着山峰，在动感的视觉中展现远方的视野。

## 2  芝加哥楼前广场的"女人头像"

"无题"，称芝加哥的"毕加索"，1967 年 8 月装饰于芝加哥楼前广场上。这个塑像的命题也可以说是"假定它是个什么"，由分开的几块形状不同的部件用钢板焊制组成，据说它的三度设计是一个抽象的女人头像（图 8.15）。它也是纯构造的设计，曲线形的钢板是由钢管连接组成的结构，看上去坚固有力。它与广场上的建筑使用同一种钢材，在对位与尺度上均与后面的巨大建筑取得和谐统一，丰富了广场的空间与情趣。

图 8.15  芝加哥楼前广场的
"女人头像"

许多城市的著名广场上都有巨形的雕塑，但具有权威性的这个芝加哥的"毕加索"，是一座像巴黎埃菲尔铁塔一样的"城市的大臂膀"。

## 3  华盛顿街头普普艺术壁画和纽约平板山墙上的立体壁画

普普艺术即大众艺术，在美国甚为流行，表现的内容与大众的日常生活息息相关，画作色彩艳丽，尺度巨大，常在停车场的破旧山墙上、地铁站等人流汇集处出现，光彩夺目（图 8.16 左）。

纽约街头壁画，运用视觉心理学的原理，在平面山墙上作彩色透视画。彩色锥形体画在平面上看上去好像立体锥形体，色彩鲜艳夺目（图 8.16 右）。

图 8.16  停车场边上的普普艺术和纽约山墙上的立体壁画

### 4　"人头和手臂"、"女孩立像"

"人头和手臂"是艺术家亨利·摩尔1965年所作，布置在纽约林肯中心水池中，是一组与建筑艺术配合得十分成功的雕塑，建筑师和雕刻家运用形体和材料表达一定的意图和思想，赋予人们以感受和联想。这组雕塑以巨大的抽象形体由水池中伸出水面，使人联想到水池中巨人的庞大尺度，从而增加广场和建筑群庞大的空间气势。

明尼阿波利斯市儿童保健机构前面的女孩立像，反映于后面的镜面玻璃大楼的立面上，与镜面中的蓝天、白云和建筑，有艳丽的色彩对比效果（图8.17）。

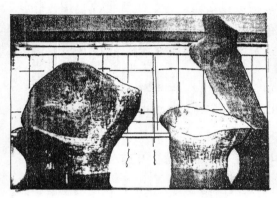

**图8.17　"人头和手臂"、"女孩立像"**

### 5　韩国首尔Tangent大楼构造与细部的表现性

建筑的细部节点在视觉美感上要和谐精巧，正确的构造细部是建筑部分之间的交接手段，美观才是目的。李博斯金2005年设计的韩国首尔Tangent大楼不仅反映他的独特手工艺式对空间与形式的探索，也表现出细部设计方面的精美巧妙。他在立面上建造了一个巨大的圆环，以建筑节点细部为主题来装饰（图8.18）。

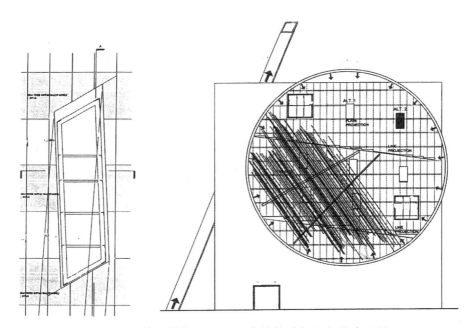

图 8.18　韩国首尔 Tangent 大楼构造与细部的表现性

# 第九章 构图原理现代化，全新的构图要素

## 一 从形式到形态，抽象化构成

　　构图原理是建筑师设计的金科玉律，历来是建筑学与学建筑至关重要的技法。构图原理探讨的是形式美的规律，形式（Form）是外表的样式，形态（Morphology）是形式所表现的内涵。传统的构图原理只讲究建筑外在的形式美，如比例、尺度、几何构图、衬托、重复、渐进、调和、平衡、对比、主导、交替、韵律、姿态、景深、层次、简洁、秩序、和谐、统一、质感等，构图的法则着眼点都在于建筑作品的外貌给人的感觉。然而现代艺术观念发生了巨大的变化，人们的审美观念不再仅仅从形式出发，而更加关注建筑中的有机构成及其演变。从认识形式到认识形态更加强调审美环境中的历史文脉和地域特征及其演变与发展变化。建筑形态的原理更加注重建筑的视觉认知的秩序性、方向性的逻辑、图示语言、形态、层次性、抽象的几何构图、集结化、图解、链、动态的曲面、内在的节奏等。

　　形是形状、形体的表现，形态的表现包括形状以外的意识和观念形态，更着重建筑外部形式以及内容及其变化的形态。形的起源是简单的，人类对世界的视觉认知的秩序性，根据经验而逐渐深入和复杂化（图9.1a）。例如传统建筑学构图原理讲究构图轴线，在现代建筑学构成原理中更讲究方向性的逻辑；例如1997年克罗地亚某疗养地设计地域中的方向性和方向性的逻辑关系是设计的主导要素（图9.1b）。1998年比利时布鲁基的音乐厅设计的获奖方案中，观众厅、舞台的几个组成部分其内部活动的方向性逻辑是建筑形态的构成原则（图9.1c）。

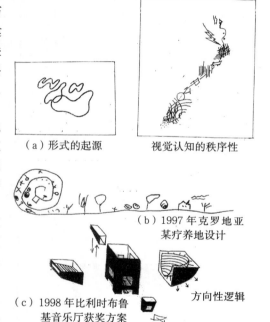

（a）形式的起源　　　　视觉认知的秩序性

（b）1997年克罗地亚某疗养地设计

（c）1998年比利时布鲁基音乐厅获奖方案

方向性逻辑

**图9.1　从形式到形态**

## 二 动态的抽象图式语言

　　20世纪70年代克里斯托夫（Alexander Christopher）所著的《图式语言》（A Pattern Language）一书被誉为建筑学的圣经，学生们人手一册，其影响深远，使图解技术成为建筑学中的热门技法。在现今的建筑构成原理演进中，图式语言已演变为抽

象化的图解，传统的建筑学几何构图内容更侧重于抽象化的表述。图式语言不仅仅是静态地分析建筑设计中的构图要素，而且还要表述设计中动态的、抽象的设计意向，如可变动的流线、设计变化进程中的分布情况、有动势的区块划分、领域的发展、对设计的决策等。图式语言不仅是设计思想交流的工具，更可以表现作者设计思维的过程。

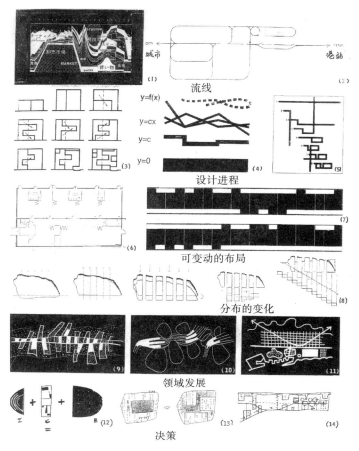

图 9.2　图式语言表现"流线"的抽象化图解

如图 9.2 所示，图式语言表现"流线"的抽象化图解如下。

（1）　1992 年日本横滨国际港站设计中市场、餐饮、商店、演出等诸多项目的高峰小时人流的组合分析图解。

（2）　2002 年横滨国际港站的客流流线分析图解。

（3）　1997 年 MVRDV 设计的荷兰 KBWW 别墅，表现空间构成的设计进程图解。

（4）　1998 年西班牙七峰住宅设计中由地面到屋面的抽象演变的图解。

（5）　西班牙瓦伦西亚法院城设计的八个部分图解。

（6）　1997 年西班牙 Sondika 幼儿园灵活隔断划分的可变动空间图解。

（7）　铁路系统可动的分配布局图解。

（8）　1999 年西班牙 La Pola de Gordon 营地的分割与扩展。

（9）　1998 年巴塞罗那的土地网络图解。

（10）　2000 年 Graz-Maribor 廊道图解。

（11）　1990 年巴塞罗那新 Boomerang 的局限图解。

（12）　1996 年法国 Lille Euralille 国际中学设计的决策图解。

（13）　1998 年斯洛文尼亚 Maribor 超级市场的决策图解。

（14）　1996 年日本横滨国际港站设计的决策图解。

FOA 建筑事务所设计的日本横滨国际客运港站提出了"整体建筑"和地景建筑的概念，对建筑界面的操作是其形态生成的重点。其设计的基本方法是将地面转换成一个活跃的表面，一个可以变化的设计平面，其建筑元素显现出可上下变动的形态。建筑物自身变成一个不同强度的表面并且影响着城市和港口之间、居民和乘客之间交通的流动，这种"环行路径"为人流设计不同的路径，贯穿建筑各层的表面，形成连续的多方向的空间。计算机创造的连续表皮改变了传统的屋顶、地面和墙面的概念，随着建筑的扭动，地面、墙面、顶面互相转换，FOA将循环图示转换为折叠的、连续的表皮系统。客运站只有表面，没有立面，各个面的分界也难以确定，对建筑的理解是通过人在建筑中的经历而体验的。客运站体现了一种过程性的设计和非再现性。设计结果不是以特定的建筑形式为目标，而是根据条件演化生成的逻辑的必然结果。

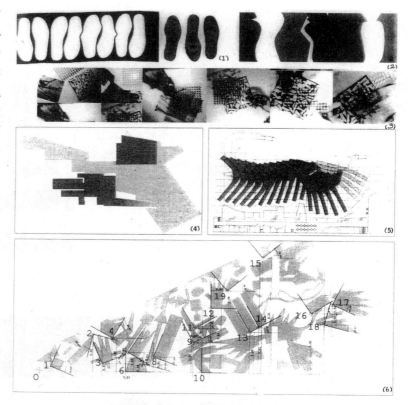

图 9.3　图式语言是创造思维的导向

　　图式语言不再是静态说明性的建筑设计图解，而变成了现代建筑设计思维最简单的导向图示，代表设计构思的进程。图9.3显示了如下构思导向：（1）说明各类事物均有尺码，建筑也是如此；（2）1994年西班牙马德里公共图书馆的设计构思；（3）1994年巴塞罗那样式中心设计构思；（4）1998年西班牙奇克拉纳市政厅构思；（5）2000年西班牙托雷多公共汽车站竞赛方案之一的构思；（6）1997年西班牙圣地亚哥市民中心设计构思。

　　我们一般认知的图式语言中缺少现代建筑所追求的表现动态的构成原理，建筑师紧跟时代面向未来，就要接受先锋派建筑师们创新的构成原理（图9.4）。如当代新潮作品中表现的"内弯"——1998年西班牙比斯开"欧洲5"获奖作品螺旋形的内弯造型建筑；"螺旋"是另一种时髦的构成，如2001年巴塞罗那罗维拉电讯塔的造型；"发辫"构图，如1997年出现的虚拟住宅设计图形；"盘绕"构图，如1999年东京歌德住宅设计；"断片"构图，如1999年西班牙七峰住宅的造型分解；"折裂"构图，如1999年荷兰阿尔默勒"欧洲5"竞赛一等奖方案。

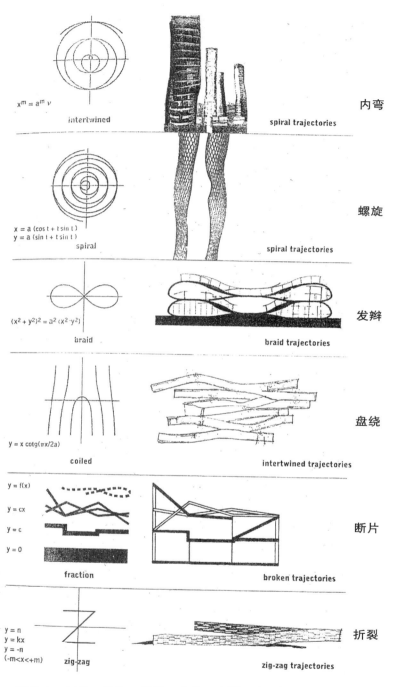

图 9.4　内弯、螺旋、发辫、盘绕、断片、折裂"之"形构成

# 三　新几何学形状，寻求几何体中内在的节奏

几何学理论对建筑空间生成的影响直接而深远。近代的拓扑几何、分形几何等几何方法及空间形态的出现深深地改变了现代人对空间的理解，拓展了人们对自然界中各种形态的认知范围，过去经典的欧氏几何学对建筑师的束缚已不复存在。几何学是对建筑学影响最为直接的科学，建筑的空间、造型都直观地表现为某种几何形式，过去建筑学局限在欧几里得几何框架内，运用简单的"形"和"体"组合建筑空间。几何形状是一种模式，能够成为许多现象比较简单的模型，钝形形状是几何体的初级形态（图9.5）。

图中（1）为纽约曼哈顿的天际线；（2）为1996年西班牙穆尔西亚卡塔赫纳竞赛的一等奖方案；（3）为2000年波斯尼亚和黑塞哥维那新城市中心；（4）为1995年巴塞罗那波布雷诺海滨设计。

图9.5　钝形形状几何体的节奏

新几何学的进一步发展，分析形体的组成以及认知，不同的形体表现成为设计的主要工作。分类、分析的表现方法是当代几何学研究形状结构的工具。当代建筑师对空间和形状的探索已经进入了新的阶段，探索如何表现几何形体内在的节奏。

从古典主义到现代主义，基本的多面体几何造型一直作为建筑造型的基础。擅长以简单几何多面体塑造空间的建筑大师不胜枚举，如密斯、富勒、博塔、贝聿铭等，他们创造了无数的建筑杰作。在当代复杂性科学和计算机技术的影响下，新几何造型已经远离了简单多面体的操作，进而进行复杂的体型组合操作，产生了超出正常理解的拥有大量面的不规则体量，使视觉产生不确定、不完整的惊奇感，使人在建筑环境的体验过程中充分地理解空间与形体，其效果正契合了当代艺术及建筑追求视觉新奇感的渴望，北京CCTV大楼就是典型的一例。多面的几何形体的特征是运用不规则多面体产生建筑体量的复杂性，不再追求规则的正多面体的组合，而是采取无规律的异形多面体，体量的转折在表皮产生大量的折面，形成复杂的形体感受。多面的几何形体的另一特征是针对"面生成"的生成方法，多采用渐进的切削、折叠等手法产生大量的面，从而达到"生成"的效果。通过对面上的点进行拉伸、压缩、移动等操作，可即时获得复杂的折面体系。这种集结化的策略也是当下建筑体量处理的一种新思路（图9.6）。

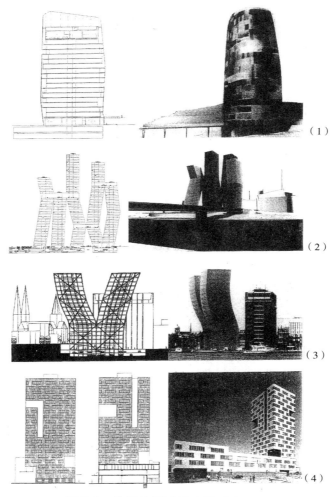

**图 9.6　集结化策略的建筑形态**

　　图中（1）为 2000 年西班牙 Corverade Asturias Lasvegas 塔楼竞赛方案；（2）为 2002 年 MVRDV 的维也纳"接吻塔楼"竞赛二等奖方案；（3）为 1999 年阿姆斯特丹"花塔"；（4）为 1998 年阿姆斯特丹 Java-Eiland 公寓。

# 四　层次要素和链

　　历来建筑格局的安排都讲究层次，按其使用的公共性程度，形成一个有层次的布局。这里所运用的层次是建筑空间中的层次关系，所谓的"建筑格局"指建筑布局反映社会生活中由公共性的部分引进到半公共性部分，最后到达私人性质部分的布局层次，反映建筑空间中的序列关系、主从关系和渐进关系。在建筑处理中把空间的层次转化为可以用图形表达的分层的层次，成为现代创作思路重要的表达方式，包括建筑中的层次要素、层次关系、层次的纬线构成等（图 9.7）。

层次要素（Layers of elements）

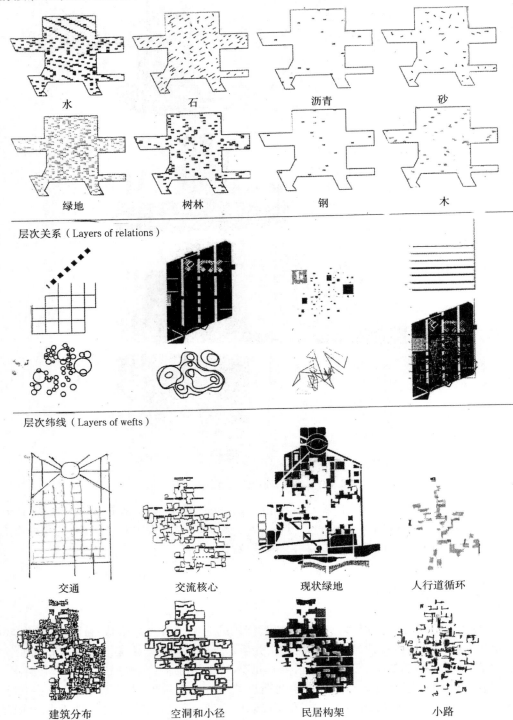

水　　　　　石　　　　　沥青　　　　砂

绿地　　　　树林　　　　钢　　　　　木

层次关系（Layers of relations）

层次纬线（Layers of wefts）

交通　　　交流核心　　　现状绿地　　人行道循环

建筑分布　　空洞和小径　　民居构架　　小路

图 9.7　层次要素、层次关系、层次纬线

网络、电子通信、无线连接和并行计算使原本固定边界的世界正在转化为依靠连接网络的世界。联通性、同时性成为社会生活的同义词，城市和建筑除了物质层面以外，附加了越来越多的信息交流等非物质层面的因素。连接的"链"在网络世界中无处不在，链在网络科学的影响下转化生成为建筑设计中的时髦处理手法（图9.8）。

　　图中（1）、（2）为1998年西班牙类型学的多样住宅"链"的形态；（3）、（4）为1999年西班牙休达"400"居民区设计；（5）、（6）为2001年芬兰"欧洲6"竞赛一等奖方案；（7）为1999年西班牙比斯开"欧洲5"居住方式一等奖方案；（8）为1999年意大利博尔扎诺链式办公建筑竞赛方案。

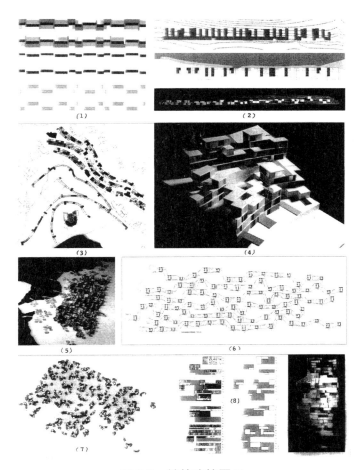

图9.8　链的连接图示

# 五　碎片、断片、分块

　　自然界充满了各种形态：连绵的山脉、婆娑的树叶、飞舞的雪花、猎豹的斑纹……欧几里得几何的规则图形不能解读这些图案。美国数学家曼德勃罗发现自然界的许多形态具有自相似的层次结构，各个层次之间存在着"自相似性"或"不尽相似"。1975年他把这类图形称之为分形，分形的数学特征是其图案具有分数维度，分形几何学就是以这类图形为对象的数学分支，曼德勃罗的"分形几何学"不仅是更接近自然现象的几何学，而且也是混沌现象的几何学——分形几何就是大自然本身的几何学。

　　分形几何学在许多方面改变了人们对自然界的认识，对美的评价和对复杂图形的理解，成为现代构成原理的新趋势。建筑师运用分形几何学中的碎片、断片、分块等新的图解创造出全新的建筑形态和建筑美学，分形几何学描述了真实的、复杂的自然结构形式。分形展示了自然在不同尺度的自相似性和层级结构，解释了无机世界和有机生命的尺度体系。分形尺度中的碎片、断片、分块是常见的（图9.9），而且普遍存在，其尺度和形态的复杂性可以通过几何学得以生成。当代的先锋派建筑作品在应对这种复杂形态时，常常借助分形尺度的自相似性产生既复杂又统一的艺术效果。

　　澳大利亚墨尔本联邦广场是一个大型的城市再开发项目，11栋建筑物虽然复杂不规划，具有不同的尺度，但都为一种三角形的碎片、断片、分块的图案所统一。这些图案由玻璃、镀锌板、砂岩拼贴组成，经过折叠和扭曲形成建筑群。自相似的建筑表皮使空间的复杂性与城市环境关系相对应，建筑形象丰富生动，充满活力。

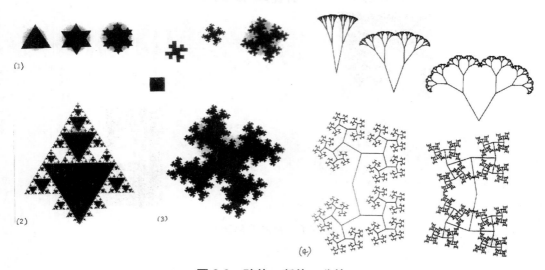

图9.9　碎片、断片、分块

图中（1）为三个一组的海岛式雪花碎片;（2）为箭形断片;（3）为四边形海岛式分块;（4）为梯形木莲的分块形态。

# 六 穿插、交融和转移、介于之间

在建筑空间和形态方面，新思维打破了对称、均衡、比例等传统现代主义形式美手法的永恒设计理念，转而追求穿插、交融和转移、介于之间等多中心或非中心、媒介化与介于之间的模糊设计理念（图9.10）。穿插、交融和转移不像正统现代主义偏爱的决定论，它们更注重复杂性、自组织、突变、跃迁、混沌、差异等，穿插、交融和转移成为建筑布局中的重要手法。建筑应尽量接近自然。建筑反映原生力量的自组织，衍生和向更高或更低层次的跃迁，系统的组织层次、多价性、复杂性与混沌临界、差异性、多样性、时间性等。

日本建筑师隈研吾说："消融说明无法与大地割裂开的才是建筑，让建筑回归到大地，再重新审视建筑，消融将建筑与大地连接起来。消融的目的在于颠覆欧洲建筑从希腊、罗马时代沿袭下来的建筑与大地割裂手法。实践这种颠覆，以此告诉人们，我们还能够有别的选择吗？""介于之间"的理念是告诉我们如何从自然环境中找到与建筑融合的地方。"介于之间"

穿插

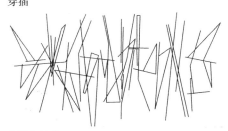

交融和转移

介于之间

**图9.10 穿插、交融和转移、介于之间**

表达建筑的透明感和失重感，玻璃作为建筑材料也包含了自然的意思。"介于之间"是考虑建筑的前后过程与周边环境的关系。古代的庭园就是让人在都市中感受自然的"介于之间"的作品。"介于之间"的创作经验唤醒人们感受自然的传统经验，而不是表现建筑形态，它认为无法与大地割裂开的才是建筑。

# 七 扭曲、旋转、卷曲

无论是建筑体量还是建筑表皮在扭转操作中会由于外力的反向作用而产生一种动态的张力，给视觉带来紧张感和方向感。由卡拉特拉瓦设计的瑞典马尔默旋转大厦是一座54层的公寓，九个立方体从底部到顶部扭转了90°。形体在初始及最终条件确定的前提下进行连续的变换，形成了一气呵气的螺旋体造型。这种操作是数学上的扭转。旋转与螺旋也是自然界常见的一种形态组织方式，并有着精确的数学原理，螺旋的空间通过构成元素的动态旋转而生成，当代新建筑采用旋转手法生成的造型层出不穷。

马岩松在玛丽莲·梦露大厦的设计中运用旋转的方式，将56层的大厦由扭曲的椭圆形平面每层旋转 1°—3°，连续的微微渐变，又在整体造型中形成三维的流线型体量。曲面的扭转形成了一种柔美动感的风姿（图 9.11）。

卷曲也是一种面操作，运用曲面的光滑弯曲使折痕消失，并形成一种连续的动态空间。

日本建筑师远藤秀平设计的公园内厕所，利用这样一个小建筑探讨了卷曲生成的建筑空间以及空间的开放与封闭的关系。在这个建筑里卷曲的表皮形成连续的开放空间，可以从多个方向到达，而没有明显的所谓入口。建筑本身可视为一个通道，能够从任何一边穿越。另一方面整个建筑的基本结构是一个钢架支撑的框架，所有的空间都是用双层 3.2cm 厘米厚的波纹钢板围合而成，包括屋顶、墙面和地面。他认为材料的连续性能创造出"开放"与"封闭"的连接关系。材料的连续性使用模糊了外表皮与内表皮

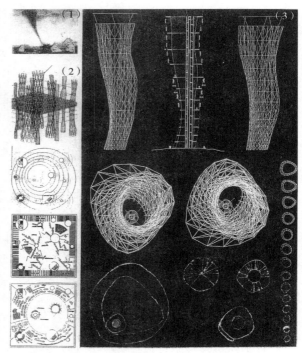

图 9.11　龙卷风式的扭曲

注：（1）龙卷风；（2）2000 年日本 ITO 媒体主题大赛；（3）2001 年巴塞罗那的电讯塔。

的关系，只用材料本身即结构来体现内外表皮。内墙能够因为旋转变成天花板或地板，又继续翻转变成外墙和屋顶，并且随着螺旋转动再次卷回到内部。室内和室外不断地相互融合，创造出连续的相互作用的空间（图 9.12）。

公园中连续
曲面屋顶的
办公室

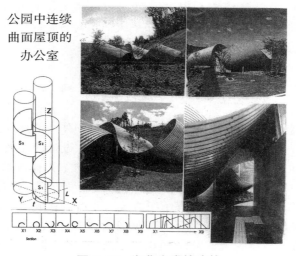

图 9.12　卷曲生成的建筑

## 八 折叠、流线、折曲流线

折叠在形体重复与差异中建立时间与空间的联系，连续自由的形体在其中得到完美的诠释（图9.13）。折叠（Fold）与展开（Unfold）是一对概念，具有跳跃于三维空间和二维空间的能力。

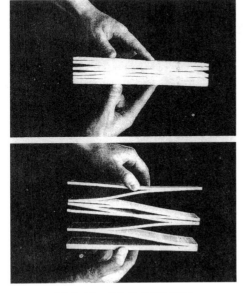

图9.13 "之"字形折叠

图9.14 连续折叠

当代建筑表面形成的空间的一个特征就是连续折叠，从而包围出建筑空间，建筑表皮由"四维分解"转变为四维连续。建筑表皮的顶面、侧墙和底面连续，但并不封闭的处理方式，使其各自成为对方自然延伸的一部分。连续的折叠形成开放性、流动性的空间，打破了建筑中"层"的概念，并使得围合的空间在流动性的基础上发展出可塑和延展。折叠形成的折面空间其体量十分有趣（图9.14）。

流动性成为这个时代最显著的特征，物质、信息都处于高速的流动状态。物质和非物质的流动，无论是实体和真实的或是纯信息和象征的，已经不再能视为有分别的了。城市与建筑也不例外，它们构成了使这种全球性交互联络的节点。这种持续的流动使建筑的稳定、静止及恒久的概

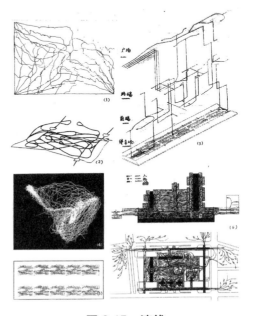

图9.15 流线

念产生了危机，它呼唤一种动态的、流线的建筑形态美学。

这个流体时代的建筑关键词包括流动、流线型（图9.15）、起伏、波动、光滑、折曲、轻盈等。流动暗示着形式的一种动态关系，暗示着形式的演变过程和力学规划。它体现一种活跃的机能，一种适应自然界非线性本质的发展过程。它追求一种简单几何体所达不到的空间效果，或者通过对自然的、生态的模仿来达到与自然的和谐。连续的流线型曲线形态最明显地表达出流动的特征，即一种光滑流畅的动态感。

图9.15中（1）为运动中的秩序，四种相同材料和四种不同材料由隅角处吹动时的轨迹秩序；（2）为1997年鹿特丹的图书馆各类人员的流程图；（3）为1995年FOA设计的日本横滨国际港站的流线分析；（4）为1999年Quaderns每天定期流动着的流线分析；（5）为1998年威尼斯文化中心的流线；（6）为库哈斯设计中的流线分析。

图9.16中（1）为画家保罗·克利的图形选录；（2）为1993大都会建筑事务所（OMA）的竞赛图；（3）1997年MVRDV的荷兰希尔维森VPRO别墅。

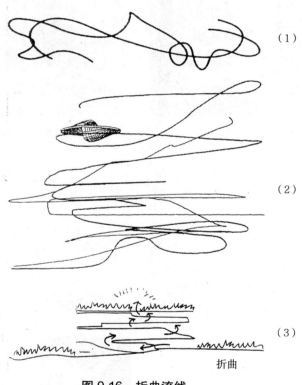

（1）

（2）

（3）

折曲

**图9.16　折曲流线**

# 第十章　形态学、类型学、拓扑学与建筑艺术中的"道"

中西方建筑学中的哲学思想有很大的差异，西方建筑学崇理尚真，讲求科学论据。中国传统建筑学重情尚意，讲求实践以后的心得。因此，形态学、类型学、拓扑学等哲学理论与现代建筑学关系密切。然而传统的中国建筑艺术中的"道"则更能深刻地说明建筑学中的普遍性理论。

## 一　形态学与建筑学

形态学是研究生物体外部形状、内部构造及其变化的科学，侧重于研究自然界中各种形态生成与演化的规律和机制。建筑学作为塑造空间形态的艺术，借助形态学的研究成果摆脱了欧几里得几何空间，迈向了新的形态模式。自然组织、生物形式、分形图案，都让我们看到不再是静态的，而是在时空延续中不断演变的形式。这些"新自然"通过计算机模拟，形成设计的新的源泉。

建筑领域的关键词包括：自然形态、有机形态、形态生成、分形、曲线、连续等。哈迪德认为未来的设计产品将以有机形态主导："我相信未来世界里的工业产品，包括建筑在内，将会和自然界的有机生命体相当类似，将不再会是今天这样由刚硬的几何线条、尖锐的角度和不连续的元素来支配。所有的元素将会融合成为一个连续的有机整体。"

有机的生物形态契合了当代城市的复杂背景和当今对流动变化的审美追求。自然形态与人工符号的共振赋予建筑同质化与复杂性共存的表现。计算机程序成为建筑空间形态生成的发生器，数字化的生成规则能创造兼顾复杂的韵律、自然与人工共存的形态。在名为"条带形态学"的空间生成中，数字模型模拟了一种带形体系的球形曲面构造和生长过程（图 10.1）。

现代金属结构表现形态的美学特征已经被高技派从"结构的支撑"变成

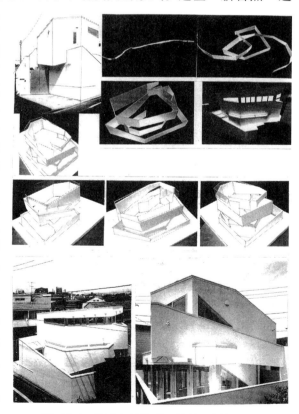

**图 10.1　"日光结"分形折纸建筑形态**

了"结构的表现"，充分表现强烈的结构形式特征。将表现结构视为建筑形态的外在形式，展现一种结构理性的美，"形是力的图解"，展现金属结构"骨子里的美"，使技术升华为艺术。从金属结构的细部构造之中展现其力学关系和造型特征，强调受拉构件的吸引力。金属结构形体的几何复杂性能表现出一种抽象美、人工美特征，一些翘曲、扭转的形象把规则式的几何形体做了变形的处理。金属结构因其丰富多样的构成手法、多种的结构选型和灵活的组合方式而具有很大的形态可塑性。如多种形式的金属网壳，包括马鞍形壳、轮辐式悬索、索壳等形态，加上轻盈、通透、自由多变的索膜结构，这些多样的形式极大地丰富了金属结构的建筑形态，同时也建立了金属结构建筑的复杂几何学特征。

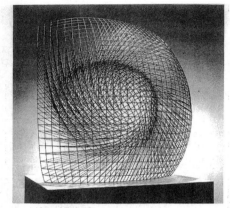

"Question 人体"金属网雕塑（2009 年）

技术在金属结构中不是一个抽象的概念，高层和大跨度的巨构建筑都是高技术运作产生的，同时现代金属结构往往运用最先进的制造技巧和工艺。构件节点的精美表现力，丰富精彩的细部以及连接手

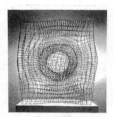

"简单逻辑"金属网雕塑（2012 年）

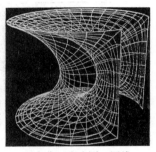

两个曲面张成同一围线

**图 10.2　艺术作品中的金属网的表现形态**

法，都增添了现代技术之美。同时也表现技术设备、倡导"技术移植"，从技术文明中得到实惠。20 世纪 70 年代由古纳尔·布克特斯设计的美国明尼阿波利斯的联邦储备银行，立面上巨大的拉杆和"悬链"以及顶部的巨型钢架，将楼板的荷载传达到矩形平面两端的支座上。立面以"悬链"线为界，使楼板和玻璃幕墙分别与工字钢柱的内外表皮靠齐，将立面分成两个界面。图案简洁醒目，又把建筑外部的设计理念带入室内空间，借助直接或反射光线达到室内外空间交替的效果（图 10.2）。设计注重形式、细部和结构的简明，取得了新颖的效果。

## 二　类型学与建筑学

主张类型学的建筑师与"现代"、"后现代"和"解构"不同，后三种派别从本质上都是批判性理论，立足于变，批评历史和传统。类型学则注重不变，或以不变应万变。其追寻建筑的本质，建筑的不变因素，进而将"静"与"动"联系起来。意大利建筑大师罗西认为，古今建筑类型有连续性，建筑问题的关键在于对这些类型集合、排列、组合重构，新的形式大多可以从历史建筑类型中衍化而来。西方文化的"塔"、"仓库"、"廊子"、"广场"、"中心空间"、"十字形组合"，都有各自的深层意义，类型学的实质在于辩证地解决"历史"、"传统"与"现代"的关系问题。类型学作为一种设计方法可以将建筑分解再按照相对固定的特性组合排列指导建筑设计。如翁格尔斯1976的马尔堡市区住宅构思，寻求在建筑类型的基础上呈现种种立面变化，给重复出现的建筑类型的共性中增添了个性，形成多样性中的统一。克里尔1980年设计的柏林塔街公寓，住宅立面形式虽然各异，却围绕着一种手法，将建筑的中央部分做了重点处理。现代新潮的建筑也可以划分成各种类型，如当今流行的大地上浮雕式的建筑类型（图10.3）。

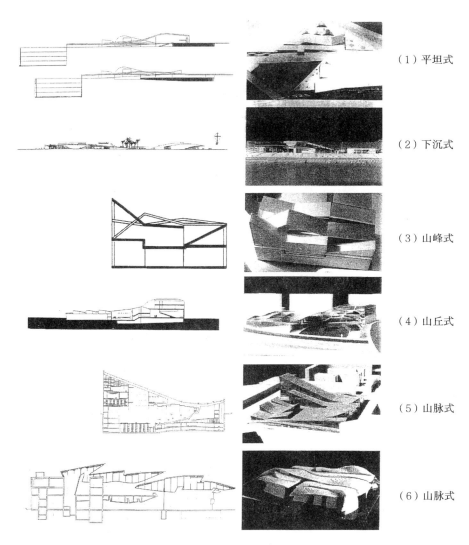

（1）平坦式

（2）下沉式

（3）山峰式

（4）山丘式

（5）山脉式

（6）山脉式

图 10.3　大地上浮雕式的建筑类型

# 三  拓扑学与建筑学

拓扑学是由庞加莱创立并在 20 世纪繁荣起来的一个数学分支，定义为"连续性的数学"。拓扑学是研究几何对象在连续变换下保持不变的性质，连续变换（也叫拓扑变换）就是使几何对象受到弯曲、拉伸、压缩、扭转或任意组合，变换前连在一起的点变换后仍连在一起，相对位置不变。

拓扑学中有许多奇异的曲面与空间，最著名的是莫比乌斯环与克莱因瓶。莫比乌斯环只有一条边界和一个面，而克莱因瓶是一种奇怪的单面无边曲面，在这两种曲面和空间中，内与外的概念并不存在，空间的连续性得到了最充分的表达。

拓扑学研究几何图形在连续改变形状时还能保留不变的一些特征。它只考虑物体之间的位置关系而不考虑其间的距离和大小。在城市设计上的应用认为，设计并不需要与近旁的景观取得视觉上的协调，而应根据建筑物在城市形象的拓扑系统中的位置来确定其建筑形式。即它不涉及建筑物单纯的几何形状，仅仅涉及内与外、围合与开放、连续与断裂、远与近、上与下、中心与边界的关系等。拓扑学在当代城市设计手法中有很大的作用，如果想要在现代城市规模上解决新与旧当代城市发展的矛盾问题（特别是在那些历史文化名城中），就要求把新与旧二者完美地结合起来，从拓扑学的位置关系考虑。不应简单地从某种视觉的感受上去调整，应更注重它们本质间的联系。对于我国现状而言，用大屋顶和琉璃瓦继承所谓的传统的思想，或者用一个无人地区把新老城区分隔开来以保证各自的特征一脉相承的做法，只能对解决现代城市矛盾带来严重损害。

在建筑学领域，拓扑学对当代建筑理论的影响主要体现在研究建筑形态的拓扑性质和形态间的拓扑变换，分析建筑形体、表面和空间的拓扑结构，最终通过拓扑变换操作生成建筑形态（图 10.4）。拓扑学的核心——连续变换将动态的连续性概念引入建筑空间，表面、线和体量都可以进行连续变换形成多种多样的动态空间。由于拓扑学允许形体在拉伸、弯曲、扭转时保持拓扑性质不变，拓扑变形成为建筑师创造空间的工具，连续变换成为形态发生的方法。拓扑变形是一种连续光滑的变化，表现出一种序列化和过程化的特征。空间或形体在不停的渐变中形成一个系列。形体具有连续、自由、流动和可塑性。借助计算机技术，建筑形式的拓扑化将促使建筑设计迈向一种新的、引人入胜的方向。由于拓扑学中抛弃了形状和尺度等定量要素，空间和形体的形态等级趋于消失，形态元素间的关系是一种"牵一发而动全身"的依赖关系。当代建筑空间中形状、比例、尺度、模数等要素被消解，取而代之的是变换、动态、关系的连续。

# 四  建筑艺术中的"道"

《老子·第一章》云："道，可道，非常道；名，可名，非常名。"

"道"，说得出的，它就不是永恒的"道"；"名"，叫得出的，它就不是永恒的"名"。"道"这个范畴是老子首先提出的，在老子的哲学中，"道"意味着普遍存在的，与物质世界不可分开的，主宰万物的法则。建筑艺术中也含有"道"的法则，建筑作为具有精神作用的物质实体也不是永恒不变的，我们常说建筑设计"只可意会，不可言传"，正说

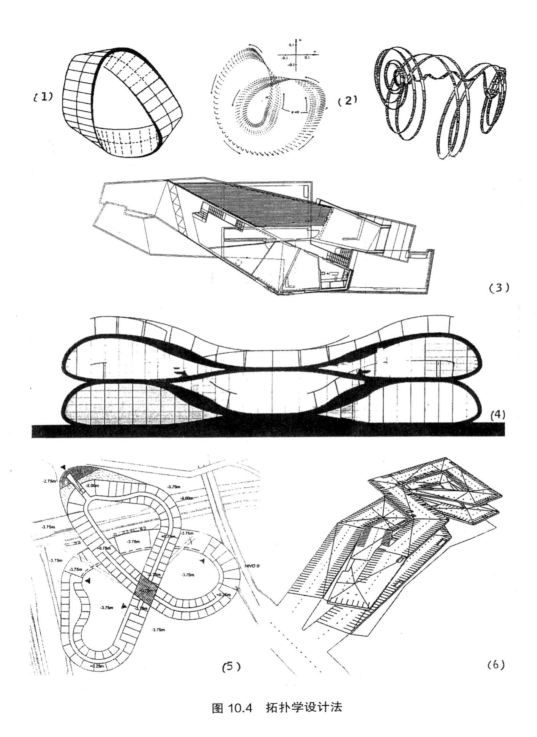

图 10.4 拓扑学设计法

注（1）正反曲折的卷曲；（2）双折动线，双扣带；（3）1997年荷兰莫比乌斯卷曲住宅；（4）1997年虚拟住宅；（5）环路超级市场设计；（6）1996年阿姆斯特丹停车屋设计。

明建筑艺术中的"道"具有深广的道理。在建筑艺术中存在着一种如同水源那样的永恒力量，在这种力量的后面是看不见的要素，也常常不被认识，这些要素是主宰建筑设计的基础——建筑设计中的"道"。

古代"道"的无形辩证法，可以解释在建筑实践现实发展中所关注的许多重要问题，"道"和"名"的原理贯穿于建筑艺术之中。建筑艺术中的"道"是一种无形的表现，不仅含有想象的意义，还随时间地点的变化根据有关联的观点而发展。老子的追随者庄子曾有这样的观点："受空间的限制，井底之蛙不了解什么是大海，受时间的限制，夏季的昆虫不了解什么是冰雪。"因此建筑理论研究中的诸多问题总是一件事物的两个方面，人们对建筑艺术的认识也是相对的。"道"和"名"揭示了设计理论中的辩证关系，因此老子富有哲理的语录可以作为建筑师最好的座右铭。

建筑艺术中"道"的运用可以概括为六个方面：设计方法、设计效用、设计观点、设计需求、设计美学、设计协同。

# 1　设计方法

设计方法指设计中如何正确使用工具、材料和进行设计程序的方法，正确的设计方法和程序往往比知识更重要。

（1）"大曰逝，逝曰远，远曰反"（道德经第 25 章）

大成为逝去，逝去成为辽远，辽远又返转还原。"大"形容"道"的没有边际，无所不包。"逝"指"道"的行进，周流不息。"反"即对立相反和复命归根。建筑设计的程序含义广大而周流不息，周流不息而伸展遥远，伸展遥远又返回原本。设计程序可划分为五个步骤:构思、准备、形成意图、展开、实施。五个步骤构成一个循环单位，循环单位又展开设计程序的大循环，有时还会在某个程序上有所反复，设计程序是在"逝曰远，远曰反"的螺旋反复上升中进展的（图 10.5）。

（2）"反者道之动，弱者道之用"（道德经第 40 章）

向相反的方向转化，是"道"的运动,柔弱是"道"的作用。

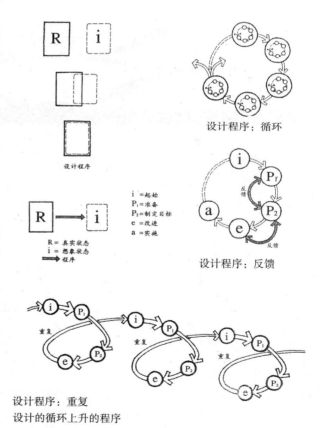

设计程序：循环

i ＝起始
P₁＝准备
P₂＝制定目标
e ＝改进
a ＝实施

R＝真实状态
i ＝想象状态
　　　程序

设计程序：反馈

设计程序：重复
设计的循环上升的程序

图 10.5　"大曰逝，逝曰远，远曰反"的设计程序示意图

建筑设计程序有相辅相成的作用和循环往复的规律,"道"的柔弱作用是一种不带有压力感的反复推敲、循环深入的设计过程。这正是我们必须

使用软铅笔和透明草图纸反复改图的原因，反复改图推进设计方案的深入与发展（图 10.6）。

（3）"知其雄，守其雌，知其白，守其黑，复归于无极"（道德经第 28 章）

虽知什么是雄强，却安于柔雌的地位，虽知什么是光彩，却安于暗昧的地位，回复到最后的真理。由于要探求建筑设计的真朴性、完美的统一性、同一性而知雄守雌，对于"雄"和"白"有透彻的了解而后处于"雌"和"黑"的一方，含有主宰性的内涵。建筑师在改图的程序中要居于最恰切妥当的地位，掌握全面境况，最后回到完美的建筑统一性之中，这是一般无形地运用"道"的设计方法论（图 10.7）。

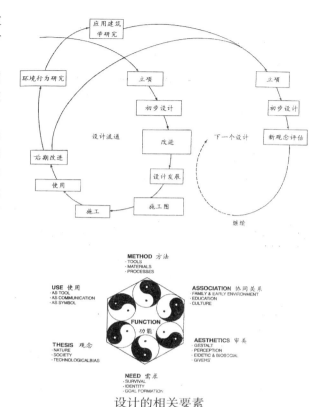

设计的相关要素

图 10.6 "反者道之动，弱者道之用"的设计程序的螺旋反复

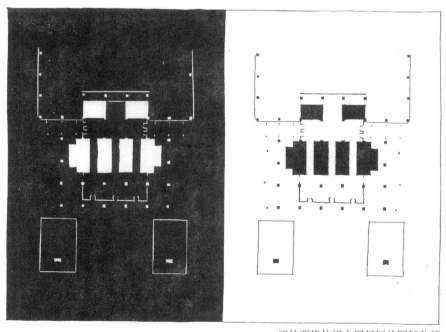

纽约西格拉姆大厦门厅的图解分析

图 10.7 "知其雄，守其雌，知其白，守其黑，复归于无极"的图底理论

## 2　设计效用

设计效用指建筑作为传递信息、语言符号等方面的效用，而"道"的原理强调的是建筑效用中无形的部分，那不是建筑本身而是"空间"效用。

（1）"埏埴以为器，当其无，有器之用。凿户牖以为室，当其无，有室之用。故有之以为利，无之以为用"（道德经第 11 章）

用陶泥做器皿，有了器皿中间的空虚，才有器皿的作用。开凿门窗造房屋，有了门窗四壁中间的空间，才有房屋的作用。所以，"有"给人的便利，只有靠"无"起着决定性的作用。一个碗或茶盅中间是空的，只是那个空的部分才有碗或茶盅的意义。房子里面是空的，所以才有房间的意义，如果是实的就不是房子了。因此建筑中起决定作用的部分是"无"而不是"有"，建筑设计不只是建筑实体的设计，不能忽略那空虚的建筑空间的作用，我们不但要着眼于现实可见的具体形象，还要注重建筑实空关系的相互补充、相互发挥（图 10.8）。

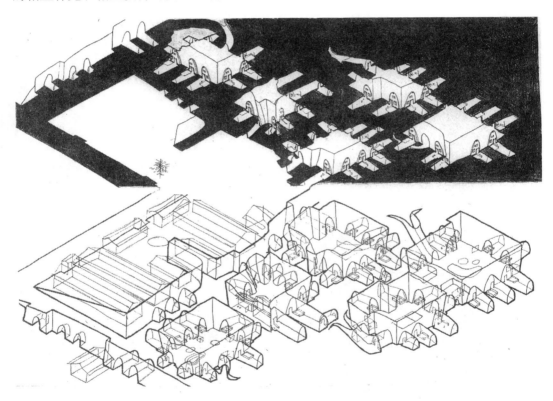

图 10.8　"当其无，有室之用"的中国传统窑洞民居空间

（2）"三十辐共一毂，当其无，有车之用"（道德经第 11 章）

车轮转动的部位全靠车轮中间空洞的地方，当其无才有车之用。一般人只注重建筑实体而忽略了建筑空间的作用，建筑艺术中的"有"和"无"是互相依存，互为所用的。无形的建筑空间往往产生建筑艺术感染力的决定性作用，不论是天坛还是故宫，给人的强烈印象都产生于建筑群体的空间序列之中。建筑大师赖特的流动空间或建筑大师

密斯的同一性空间，都没有离开"无之以为用"的"道"的原理。

（3）"大成若缺，其用不弊；大盈若冲，其用不穷"（道德经第45章）

最圆满的设计方案好似有点欠缺，可是它的作用不会失败。最充实的好像空虚，可是它的作用不会穷竭。说明建筑设计要做到恰到好处并留有思索的余地，完美的作品并不在于外形上表现得淋漓尽致，要有内在的生命力含藏内敛。我们不必去寻找那十全十美，实际上也不存在完美无瑕的作品，而是要致力于去创作"大成若缺，大盈若冲"，达到"其用不弊"和"其用不穷"，具有强大生命力和含藏内敛的艺术创作（图10.9）。

韩国 Ongdalsam 街道转角处理

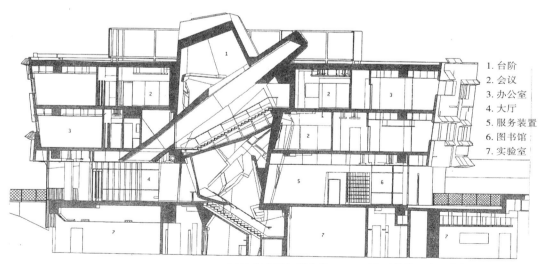

1. 台阶
2. 会议
3. 办公室
4. 大厅
5. 服务装置
6. 图书馆
7. 实验室

2008 年美国加州大学 Cahill 天文天体物理中心内部空间破碎化

图 10.9 "大成若缺，其用不弊；大盈若冲，其用不穷"的现代破碎化的作品

## 3 设计观点

设计观点指建筑师对自然界、社会、技术进步的看法，重要的是运用"道"的哲理看待建筑设计本身。

（1）"天之道，损有余而补不足"（道德经第 77 章）

天道最公平，自然的规律是拿有余来补不足，这是人与自然界均匀平衡的道理，大自然中的一切都是统一平衡的。建筑设计中的对立与矛盾也都具有同一性。我们时常看到有的设计想要把建筑作得高大而缩小面积往高处加层，结果变为纤细毫无高大之感。有的设计为了作得宏伟而展延立面，结果显得单薄毫无宏伟之感。有的建筑追求形式而失去了尺度。有的建筑师为了迎合雇主或长官的偏见宁可去作"外行"的作品。这都违背了"损有余而补不足"这条均衡与平衡的自然规律。

（2）"夫唯不争，故天下莫能与之争"（道德经第 22 章）

正因为不与人争，所以天下没有谁能争得赢他。常人总喜欢追逐事物的显相，莫不"求全"、"求盈"。"不争"之道在于"不自见"，"不自是"。很多人从事建设设计注重表现作品的显相，着眼于轴线、立面、装饰、色彩等的表现力，誓与环境争高下。"夫唯不争"的设计思想是把作品从属于环境，却能达到与外围环境和谐统一的效果。古典主义大都以建筑主宰环境，建筑空间理论发展以后，建筑师逐渐认识到环境有助于表现作品，主张建筑与环境相调和。目前工业化后果对人类构成的威胁已使一部分建筑师认识到，未来的生态建筑应寓于环境之中，建筑要从属于大自然。"夫唯不争"说明建筑师如何正确对待建筑与环境，建筑与自然界的关系。

（3）"洼则盈"（道德经第 22 章）

低洼反能充盈，所以有道的人坚守这一原则作为天下事理的范式。这条范式告诉建筑师要尊重环境，利用不利的条件才能做出有特色的文章。在最充裕的条件、最方整的地形以及最美好的环境中不一定能产生优秀的作品。有"道"的建筑师有意在苛刻的条件、恶劣的环境、困难的地段上去创造独特的富有创造性的作品。环境条件的限定促使建筑师进行严格认真的思考，苛刻条件下产生优秀作品的实例很多。贝聿铭的巴黎卢浮宫的扩建工程采用半地下的玻璃金字塔造型，坐

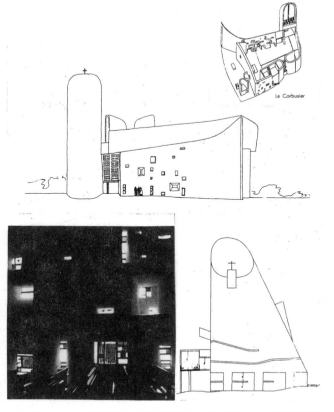

**图 10.10　柯布西耶"涤除玄鉴"的作品——朗香教堂**

落在卢浮宫内院的轴线上，既尊重了原卢浮宫的环境特点，又保持了法国传统文化的精神特征。此外，好比在一张白纸上，画龙点睛要比在白纸上大面积的涂上黑格子要好，这也是"洼则盈"的道理。

## 4　设计需求

许多建筑师仅注意满足于人类生存方面的需求，而容易忽视社会上形成某种目标的需求，或仅注意满足于一时的需求愿望而忽略人类内心的需求。然而建筑中经济的、心理的、精神的、社会的以及文化方面的需求较之工程或技术的或形式方面的需求更难达到满意的水平。

（1）"涤除玄鉴"（道德经第4章）

玄鉴即心灵深处明澈如镜，建筑师面对各种需求如同心灵深处明澈如镜的理想构思，其中没有杂念也没有妄见，应是一种内心的本明，正如建筑大师路易·康（Louis Kahn）对他的学生说的："当你设计一个窗户时，你要设想你的女友就坐在窗下。"建筑大师柯布西耶设计朗香教堂时，他在荒僻的山顶上忍受酷暑严寒，废寝忘食地奋斗了五年，终于完成了"事业中的明珠"（图10.10）。建筑作品也要像其他艺术创作那样表述建筑师内心感情的写照，不论是满足任何建筑需求，都要融合在建筑师"涤除玄鉴"的创作激情之中。

（2）"广德若不足"（道德经第41章）

最大的"德"好似不足，最好的建筑好似没有完成；光明的道好似暗昧，前进的道好似后退；最方正的反而没有棱角；贵重的器物总是最后完成；最大的乐声反而听来无响，最大的形象反而看不见形迹；"道"幽隐而没有名称，只有"道"善于辅助万物。建筑如同一幅

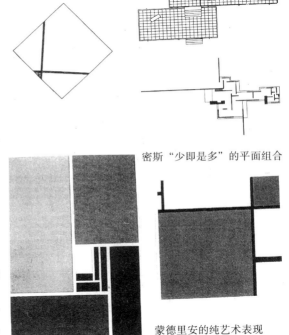

密斯"少即是多"的平面组合

蒙德里安的纯艺术表现

**图10.11　密斯的"少即是多"和蒙德里安的抽象构图**

绘画，增一笔则多，减一笔则少，又似乎给观赏者留有余地。"广德若不足"不难让我们联想到密斯的名作西班牙巴塞罗那展览厅和蒙德里安的抽象构图（图10.11），多么完美、简练，其中包含着满足建筑艺术中最根本的"道"的需求。

（3）"圣人终日行，不离辎重"（道德经第26章）

圣人终日走路，不离开载着粮秣的辎重。厚重是轻率的根本，静定是躁动的主体，轻躁与重静的对立，重与静是矛盾的主要方面。在满足建筑设计多种需求的矛盾中，建筑师要掌握矛盾的主要方面"重"与"静"，而不离开设计的根本"不离辎重"，当功

能需求和形式需求发生矛盾时，永远是形式服从功能，因为功能代表重的方面，形式代表轻的方面。当材料的限定和技术方法发生矛盾时，材料是静的方面，而所采用的技术方法则是动的方面。

## 5 设计美学

设计美学的范畴很广，有格式塔心理学，人对美的感知，仿生美学等。诺曼底的翁弗勒尔是欧洲传统港口城市，它的城市建筑有独特的韵律：斜线的屋顶，垂直分割建筑拼接，层层向外悬挑的水平线条，高低错落不齐的窗户，构成翁弗勒尔镇美的特征。建筑艺术中的"道"能够阐述建筑美学的许多道理。

（1）"大象无形"（道德经第41章）

"道"隐奥难见，"大音希声"、"大象无形"，即是比喻建筑设计美学中的"道"幽隐未现，不可以形体求见。最完美的设计作品的感人之处也是隐奥难见的，不论是密斯的"少即是多"还是文丘里的"少就是少，多才是多"（图10.12），多种多样的建筑美学理论，都不超出"大象无形"这个道理。

范斯沃斯住宅

**图 10.12 "大象无形"**

（2）"长短相形,高下相盈"（道德经第2章）

长短是由相互对立而存在，高下由相互对比而体现。在建筑构图中，一切构图要素都是相对而存在的，失去了一方，另一方也就不存在了。"长短"和"高下"的对比关系是相对的，相互依赖又相互补充。

（3）"大方无隅"（道德经第41章）

最正方的反而没有棱角。"大方无隅"说明在建筑构图中反衬法的运用，愈方则圆，愈圆则方的道理。当需要建立某种图形意念时，可以从它的反面去寻找衬托的要素，完成对比的效果。低矮的入口衬托出高大的空间，垂直的绿化衬托建筑的水平感。众圆形之中的方，众多方形之中的圆，例如贝聿铭设计的美国波士顿汉考克大厦高耸入云的棱角感并非出自方形的直角平面，而是"大方无隅"巧妙地布置了平行四边形的平面。贝聿铭设计的巴黎卢浮宫扩建工程、华盛顿国家美术馆东馆均以三角形为母题（图10.13）。

贝聿铭设计的巴黎卢浮宫扩建工程和华盛顿国家美术馆东馆

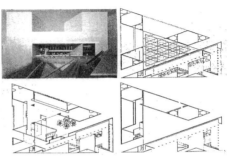

**图 10.13 "大方无隅"的作品**

（4）"将欲弱之，必固强之"（道德经第 36 章）

想要削弱它，必须暂且增强它。这句话提出了建筑构图中的强弱转化关系，"柔弱"的表现胜于"刚强"，调和与统一应胜于分散与突出。在建筑设计中学会减弱某些构图要素的表现力，远比强调某些特点的方法要困难得多。一处成功的例子是德国的瓦尔拉特博物馆（Wallraf-Richartz-Museum），地处莱茵河畔和古老的科隆大教堂以及铁路大桥和火车站之间，建筑师布斯曼（Peter Busmann）设计的是总体环境而不仅是博物馆本身，他运用造型、色彩、材料质感、铺面和光照等要素巧妙地把外界环境与内部有机组织在一起，通过减弱自身的手法达到最完整和谐的强大表现力。

本杰明·弗兰克林纪念故居

巴黎拉德芳斯大门

图 10.14　"将欲弱之，必固强之"的作品

本杰明·富兰克林纪念故居建在地下，地上部分是故居的轮廓线，以地上虚弱的部分引发人们对地下故居纪念主题内容的想象，正是"将欲弱之，必固强之"的设计手法（图 10.14）。巴黎的城郊新城拉德芳斯大门正对着市区凯旋门的一条轴线，是巴黎城市的主轴，一座大门强化了城市的主体轴线。

（5）"曲则全"（道德经第 22 章）

委曲反能保全。这是以退为进的原则，常人所见的往往是事物的表象，建筑师要善于观察事物的里层，对事物负面意义的把握更能显现出正面的内涵，所谓正负面并非绝对的对立，它们经常是一种依存关系。在"曲"里面存在着"全"的道理，因而在"曲"和"全"的两端中，把握了其中底层的一面，自然可以得着显相的另一面。引用建筑大师柯布西耶说过的一句话："当你画白色的时候拿起你的黑笔，当你画黑色的时候拿起你的白笔。"在绘画中或建筑构图中，都可以运用这种"以退为进"对比出效果的方法。当你要加强建筑入口的表现力，你可以减弱其他部分的门窗或装饰，当你要减弱建筑入口的重要性时，你可以加强其他部分的艺术处理，不必专注于建筑入口本身的设计。当然"曲则全"还包含要照顾到事物多方面的意义。

（6）"和其光，同其尘。是谓玄同"（道德经第 56 章）

含蓄着光耀，混同着垢尘，这就叫作"玄同"。凡是阳光照射到的地方，必然有照射不到的阴暗的一面存在，只看到了照射到的一面，忽略了照射不到的另一面，不算是真正懂得光的道理。只有把"阴"和"阳"两面的情况都统一考虑了，才能正确地运用明暗与光感的相互关系。建筑师路易·康所开创的新潮流是成功地运用了室内外垂直光线的变化，他是建筑设计中光影运用的开拓者，懂得"用其光，复归其明"的道理。"同其尘"指宇宙间到处充满着灰尘，超脱尘世的设计想法是不现实的，理想的建筑对光的美学探求应该是"和光"、"同尘"，从而达到玄妙齐同的境界。

日本建筑师安藤忠雄在"光的教堂"的墙上开缝形成光的十字架,隐喻着神性,基督教《圣经》中描写的基督就是真正的光,把光作为天国的象征(图10.15)。

## 6  设计协同

建筑设计中的"道"包括建筑设计与家庭、自然环境、物理环境以及文化教育等社会环境的协同关系等。

(1)"邻国相望,鸡犬之声相闻,民至老死,不相往来"(道德经第80章)

邻国互相望得见,鸡鸣犬吠的声音互相听得见,而人民直到老死,不相往来。老子描写的桃花源式的农村乡野的生活图景,始终是建筑师规划师的理想化境界。当前的城市化社会是工业革命以后生产大发展的产物,从生态学的观点看城市化的弊端是显而易见的。建筑师和规划师面对的是城市交通问题、住房问题以及城市化对人类心理、健康、道德观念等社会问题的影响等难题。工业化的大城市如同洪水猛兽般快速蚕食着人类大自然的生存条件。然而生态建筑学所要建立的那种"邻国相望,鸡犬之声相闻"的村野环境正是当代文明建筑师为之奋斗的目标。

1950—1957年柯布西耶设计的印度昌迪加尔新城平面图(图10.16),其中心城区规划的车道如同运河在大平原之下行驶,步行者是城市交通的主体。只有当步行跨过行车运河时,才能看得见载重汽车是怎样穿过中心为城市服务的,在汽车化的时代无不感到惊奇。此外,水的运用也是这个规划的特点。柯布西耶的追随者美国建筑师路易·康曾写道:"我梦想住在一个叫勒·柯布西耶的城市,这是一个理想的乡村化城市。"

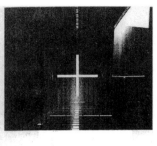
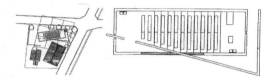

**图10.15  "和其光,同其尘。是谓玄同"的光的教堂**

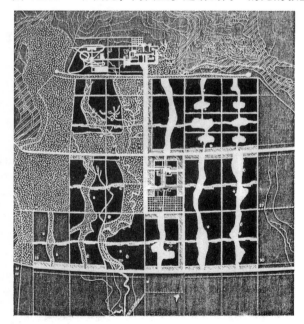
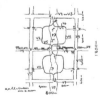

**图10.16  昌迪加尔理想的城市乡村化**

（2）"为学日益，为道日损"（道德经第 48 章）

"为学"指探求外界的知识活动，这些学问能增加人的知见与智巧。"为道"是通过冥想或体验以领悟事物进行分析状态的"道"。从事建筑设计需要宽广的外围知识，但真正的设计构思能力的培养不是单从"为学"所能领悟的，要学会"为道"，指隐藏在背后的设计激情潜意识，是一种对建筑艺术的体验与领悟的能力。因此建筑师不可单纯满足于知识的增长，重要的是从事设计素养的完成。当建筑大师柯布西耶请密斯评论他的几个方案时，密斯一眼就选中了柯布西耶最得意的一个，柯布西耶高兴极了，说密斯真有眼力，是他从未遇到过的知己。他们之间没有进行知识与技术的探讨，表现的是建筑艺术中"道"的素养方面的一拍即合。

（3）"天下万物生于有，有生于无"（道德经第 40 章）

天下万物生于看得见的具体事物"有"，而具体事物"有"是由看不见的"道"产生。在建筑艺术中我们不仅要重视"有"亦要重视"无"，"有"和"无"指超现象界的形而上之"道"，也就是说建筑艺术的物质形象能够转化为巨大的精神感染力。有与无的关系也说明设计构思的生成根源，建筑师创作出建筑师自己的精神构思，建筑师所完成的建筑作品又转化为精神感染力，因此"有"和"无"也是相互转化的概念。

虚幻的住宅

多伦多市政大厅广场上的气流天棚

图 10.17 "天下万物生于有，有生于无"的作品

现代的赛博空间计算机设计的虚拟建筑是建筑设计过程中全新的有和无的体验。加拿大多伦多市政厅广场上进行过一次"气流天棚"试验，运用建筑的废气在人行道上面水平的喷射，形成一道人行道上的天棚，抬头仰望，雨雪在半空中飞舞，"有生于无"（图 10.17）。

欲全面充分地概括建筑艺术中"道"的哲理是不可能的，笔者到此感到言犹未尽，甚至在前面的论述中也未能做到语详意明，只望能对我们在建筑学之外有所启示。最后引用"道"的语录告诫建筑师的职业态度。

（4）"企者不立，跨者不行"，"故有道者不处"（道德经第 24 章）

抬起脚跟想要站得高的，反而站不牢；两步并作一步走的，反而快不了。所以有道的人不以此自居。自逞己见的，反而不得自明；自以为是的，反而不得彰显；自己夸耀的，反而不得见功；自我矜持的，反而不得长久。建筑设计不是空想的游戏，要反对建筑师的矫揉造作和故弄玄虚。

（5）"死而不亡者寿"（道德经第 33 章）

身死道存的就是长寿。一个能"自知"、"自胜"、"自足"、"强行"的建筑师要省视自己，坚定自己，克制自己，并且矢志力行，才能展开他的创作生命，去创作那永恒的作品，身死而作品不被遗忘的才是长寿。

# 第十一章 从解构主义到无准则设计

## 一 从构成到解构

### 1 建筑是否可以解构

20世纪70年代的后现代主义曾席卷全球，90年代又冒出了解构主义新潮。但至今所谓解构主义的真实意义好像还没有被探究清楚，建筑是否能够解构，仍是个争论不休的问题，但解构主义大师们设计的作品，却实实在在地充满令人惊异的空间视觉感受。艾森曼被誉为解构主义的旗手，他是建筑时空的推广者，面向当代的时空文脉，他设计的拼板住宅就像原始毛坯的造型。伯纳德·屈米（Bernard Tschumi）的巴黎维莱特公园，以其解构的构思立意取胜。库哈斯有意设置的细长假柱子似乎比真的更醒目，强调理性和随意性的对立统一。哈迪德认为对建筑的结构功能可以追求无结构与无功能的设计。她对墙壁、照明箱、楼梯、桌椅和室内的其他要素抽象绘画式地自如运用，使她的作品具有强烈的自由空间的流动感。

解构主义有构成主义的深化或反构成主义之含义，构成主义是20世纪早期俄国构成主义画派发展而来的雕塑与建筑流派，构成主义是艺术画派中未来主义与立体主义相结合，使造型艺术成为纯时空的构成体，用实体代替幻觉。构成既是雕塑又是建筑造型，并反映构筑手段、形式构成的合理性。从建筑内部的构成规律寻求形象的变化，构成概念发展成为当今工业设计的基础理论之一。

建筑的解构主义风潮的出现就是在追求动势之美以外，还要在差异中和分解中确定自身的美学意义。法国解构主义的先锋人物伯纳德·屈米认为"今天的文化环境提示我们有必要抛弃已经确立的意义以及历史文脉的规则"。他提出三项创作的原则：①拒绝"综合"概念，改向"分解"的概念。②拒绝传统的使用与形式之

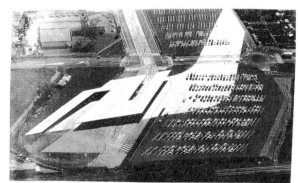

扎哈·哈迪德设计的法国斯特拉斯堡汽车终点站和停车场

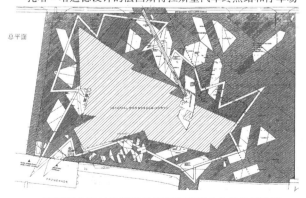

李博斯金设计的英国曼彻斯特帝国北方战争博物馆

**图11.1　解构主义的新潮作品**

间的对立，转向两者的叠合或交叉。强调碎裂、叠合及重组，使分解的力量能炸毁建筑体系的界限。另一位解构主义建筑大师哈迪德以解构的抽象油画闻名于世，她认为面对建筑的结构和功能可以追求无结构和无功能的设计。因此她要创造一种有强烈对比主题的二次空间，她设计的法国斯特拉斯堡汽车终点站和停车场，充分表现出建筑与环境中的动势之美。她的作品都具有强烈的自由空间流动感。李博斯金设计的英国曼彻斯特帝国北方战争博物馆，表现了 20 世纪的战争与未来，设计解构了三个内锁的破碎陶片形态：分布在地层、上空和水平的陶片，好像散落在地上，戏剧般地服务于博物馆的全部功能（图 11.1）。

## 2 解构中的多义空间和解构的旗手

多义空间是指超越于通常的单一的"功能"含义的空间，在建筑设计过程中采取某些特殊的手法，可使空间的兼容性增强，从而可能融入多层含义的功能。把动态的功能观念运用到设计之中，同时又要考虑到未来可能发生的新功能对空间的需求，从而对新功能的变更提供可能性。柯布西耶早在 1919 年就提出过"多米诺"建筑体系，把结构部分和非结构部分分开，梁、柱、板和维护墙分离，其可适应性来自建筑本身，空间可以在结构的框架内灵活分割。密斯·凡德罗的通用空间理念，以功能服从空间，即不管什么样的功能都可以纳入没有柱子和墙的大玻璃空间之中，以一个巨大的、内部没有阻挡的空间来容纳多种不同的功能。密斯设计的芝加哥范斯沃斯住宅、伊利诺伊理工学院克朗楼等都是这样的同一性的多义空间。

解构主义是对求异多义空间的追求和与后期摩登主义的抗衡，后期摩登主义强调的文脉与传统是新解释主义的表现。解释（求同）与解构（求异）成为后现代文化精神的内在矛盾性，彼此相交相悖，

澳大利亚墨尔本 CBD 的 Monaco House

瑞士兰希拉 1 号楼

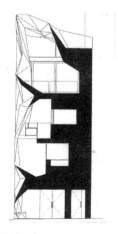

**图 11.2 多义空间的再解读**

共同组成后现代的基因。一方面解释学将理解、认同、意义及其表达作为根基，认为意义优先于表达的"主要部分"（即语言和符号）。建筑理论家詹克斯强调建筑的表义性，寻求建筑与普通大众的可交流性。寻求意义和可交流性成为后现代设计的普遍特征。另一方面解构哲学强调不清楚的、非固定的以及意义与表达之关系的非关联特点，这成为屈米、艾森曼、盖里等解构主义大师们的思想和作品的哲学观点。

澳大利亚墨尔本的中央商务区（CBD）东端的摩那可住宅（Monaco House），有动人的抽象造型，首层是咖啡店，二层经营广告及办公用，顶层为顾问及接待贵宾的房间。建筑背离了传统设计的一切准则，追求超现实的布拉格（Prague）立体主义的艺术风格，它的无准则的准则被认为是对传统高直风格的再解读。

瑞士兰希拉1号楼是马里奥·博塔（Mario Botta）1985年的作品，似布拉格立体主义新艺术风格，拥有超现实主义动人的抽象造型，通过与自然景色的对比，并用文化意义渗透的方式塑造场所精神，破裂的断面表现矛盾与抗衡（图11.2）。

随着信息技术如电子数据交换、图像及多媒体、远程通信、电子服务、计算机辅助设计、虚拟现实等的发展，城市、环境景观均开始从一种"硬件形式"向"软件形式"转换，某些物质功能正被某些非物质功能取代或消减。在信息时代，无论原有的城市结构系统是开放的还是封闭的，城市整体结构都将变得更加开放或被迫转化为开放的系统。设计领域只能为城市生活提供多样可能性和非固定的模式。

美国著名解构主义大师彼得·艾森曼是引领解构主义风气的先驱者。在他的作品中发展了一系列的空间对比新概念，如虚与实、分层的层次性空间等，描述空间解构的新术语。他是自由变化空间的推广者，在他的手中，建筑空间不再是简单的几何空间，而是在追求空间层次变化中的时间概念。时间是在人的活动中进行的，他惯用坐标网格和色彩对比，并把空间面向当代的时空文脉。例如2001年艾森曼设计的法国里昂丝绸博物馆，1999年设计的巴黎布朗利河岸博物馆、坡地起伏的加里西亚（Galicia）文化城，都是对大地网络地景层次性的解构表现。另一位解构主义的伟大旗手是美国建筑师弗兰克·盖里，其大胆和特殊的风格是他的创新性本质，他惯用分离、重组、移植等解构主义的网络技术，把多种功能的空间安置在形状表里各异的千变万化的结构之中。采用曲线形波动的金属板包裹着多变的穹顶空间，戏剧性的形式、奇异的复合体量，只有入口才是关注的焦点部位。传统设计中的中心与轴线全部消失了，整栋建筑创造了一种像迷宫般的空间感受和场所感。例如他设计的西班牙古根海姆艺术博物馆和美国纽约哈德逊河畔巴德学院演艺中心等。

## 二 破碎化的对比与变化

在设计中常用对比的手法设计空间中的变化，如空间中建筑体型的对比和变化，光线和自然绿色经由落地大窗渗透进入室内，水池光影闪烁的展现等，都可以创造空间中的对比与变化。在空间的序列组织上，在空间转换手法的运用上，所展现的对比与变化的艺术感染力，对人的心理感受有重要作用。空间组合中的对比与变化给人的感受并不是单纯的单一空间所能阐释清楚的。它不是情感的简单叠加，而是呈现出一组如乐曲般有节奏感、韵律感的空间旋律。在人们体验建筑时拨动人们的心弦，使人们与建筑之间产生最真实、最亲切、最震撼人心的共鸣。

建筑大师李博斯金曾在以色列学习音乐，他的作品反映文学性、戏剧性、电影哲学、艺术和音乐，被形容为手工艺的个性签名式建筑，在柏林犹太人博物馆设计中他以音乐符号作草图，把解构的空间和形式引入一种全新的境界（图11.3）。

北京中央电视台总部大楼是库哈斯的解构主义在中国的代表作。央视于2002年12月举办设计竞赛，从10位参赛者选出库哈斯的方案，参赛者包括法国的多米尼克·佩罗（Dominique Perrault）和KPF、SOM等著名建筑事务所。国际评委有矶崎新（Arata Isozaki）和詹克斯等人。北京中央电视台总部位于北京市CBD，建筑面积55万 $m^2$，是当地300栋高楼之一，在 $10hm^2$ 的地段上布置了两栋高层建筑。一栋为CCTV总部，高230m，面积40.5万 $m^2$，包括新闻、行政、广播、工作室等，有分层次的内部联系关系。虽然有230m高，但不是传统的塔楼建筑，在平面关系上比传统空中只有一个制高点的高楼要好，建筑立面上以不规则的网格表现结构力的传递。另一栋为电视文化中心，包括旅店、游客中心、公共剧场和展览中心。用地相邻的媒体公园，占地 $2.56hm^2$，公园规划表现五个主题：时代、时尚、时下、时段和时机。分为三大区：休憩区、观演区、生活区，采用彩绘大师（Piranesi）景观原理设计。破碎化意味着不再有形式和古典透视上的"整体"，而是以无数独立的个体来完成形式的解放，

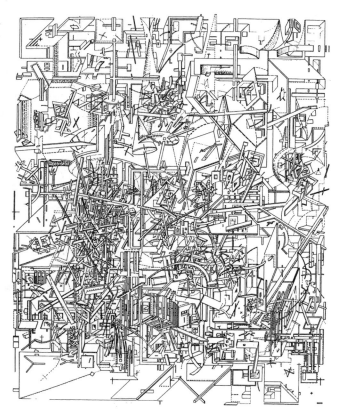

**图 11.3　1979 年李博斯金的破碎化草图**

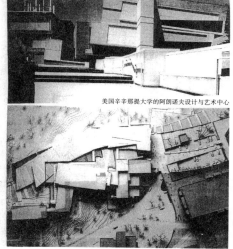

美国辛辛那提大学的阿朗诺夫设计与艺术中心

皮拉内西版画中的罗马城

**图 11.4　破碎化的对比与变化**

这与 CCTV 总部大楼的设计形成破碎化的对比与变化。18 世纪意大利版画家皮拉内西（Giovanni Battista Piranesi）在一幅描绘罗马城平面图的画中，展示了一种超意义和象征之外的工作方法，当社会越来越趋向于表征一个分裂世界的多样性时，破碎化就是对现实社会的形式隐喻。

艾森曼设计的美国俄亥俄州辛辛那提大学的阿朗诺夫设计与艺术中心，追求空间层次中的时间变化，运用活动的坐标风格和色彩求得破碎化的对比与变化（图 11.4）。

解构主义引领建筑造型破碎化：韩国 Opus 大楼外部破碎的部分是内外景观最为生动的部分，金属板面使光感明亮与破碎的部分对比更为强烈（图 11.5）。由 Morphosis 建筑事务所设计的巴黎拉德芳斯大厦以抽象的构成雕塑为原型（图 11.6）。

图 11.5　破碎化的立面　　　　　　图 11.6　摩天楼破碎化

# 三 无准则的建筑设计

无准则的建筑（Non-Standard Architecture）或称非建筑、反建筑，是 21 世纪新生的建筑流派。当今城市化的发展速度和变化之快大大出乎设计者、规划者的意料。一些旧有的美学原则、设计手法如多样统一、均衡、韵律、体量与轴线等均无法解释城市中新出现的建筑形态的许多怪异现象。城市与建筑已经不能作为孤立的审美现象存在了，它的形态问题往往是结果，而非目的。城市与建筑成为人们被动接受的审美现象，这就使人们对新兴建筑形象的认知从理论上陷入了困境，因而人们把这些建筑称之为无准则的城市与建筑，好像没有什么章法，什么都行。

巴黎蓬皮杜艺术中心的建成是无准则设计的起源，同时又提出了一个新的问题：什么是无准则的建筑？ 2003 年 12 月 10 日至 2004 年 3 月 10 日由韩国三星电器和蓬皮杜文化艺术中心设计部在巴黎蓬皮杜中心举办了一次"无准则建筑"展览会，同时还有主题研讨会。展出了来自世界的 12 个先锋派事务所的作品，都是使用高效信息工具表现的理念化作品，展示其各自独特的奇异作品风格。展出的作品包含设计理念、设计经验与设计原型到重返艺术与历史，以及运动变化中的透视与折射的建筑形象。建筑师使用多媒体的经验与构想，如 DVD、模型等，同时还布置了现代建筑的实录、当代艺术、历史文化相关的生机勃勃的展板装置。在展览会的入口大厅设置了说明导言，详细地焦聚社会、经济和政治的变化对建筑的影响。由于无准则建筑广泛流行的设计方法的展现，可以反思建筑原型的延续以及后工业时代现代建筑的未来。

扎哈·哈迪德是一位具有强烈解构倾向的后现代主义者，无准则的设计时常出现在她的作品中，她的新加坡 One-North 城市总体构想、古根海姆临时博物馆以及莱比锡 BMW 宝马中心工厂大楼都是无准则的设计。她既不考虑场所特性，又不排斥历史，设计本身就像是把一些条块之类的东西，随意丢弃。无准则的设计往往呈现一种断裂的、无序化、平面化、零散化、游戏化的不确定的状态。它往往通过一系列的拆卸、位移、偏转、肢解，一系列无意义的循环、机械性的重复、异质要素的引入和交叉以及不相关要素的拼贴，以加强文本内部的矛盾。"怎么都行"消解了现代主义的理性准则。

2008 年张在元先生在《非建筑》（*Above Architecture*）一书中发表一篇非建筑宣言，称：

"非建筑"是"建筑学"的"悖论（Paradox）"。

"非建筑"是"建筑学"倒立的原理。

邪门歪道："建筑"的革命。

黑白颠倒："非建筑"的基因。

生活在死亡之前开始。

"非建筑"在废墟中起步。

……

又称：

"建筑"与"非建筑"是人类空间的两个侧面。

"建筑"与"非建筑"是对立而统一的整体。

人类沿着"建筑"之路走过了 20 个世纪。

人类从"非建筑"起步将始于 21 世纪。

建筑体现于有尺度的空间。

非建筑存在于没有终极的世界……

最后又称……

我们仍然生活在人类的朦胧文明时代，21世纪空间探索的必由之路是"非建筑"。他在书中以超越的想象力绘制了广泛建筑学领域内的"非建筑"图画。

# 四　建筑学与大众传媒

## 1　走向数字化的城市与建筑

2002年河北唐山市城市规划管理局与有关部门合作开发了"城市规划管理电子政务系统"，采用地理信息系统（Geographic Information System，简称GIS）技术开发计算机规划管理政务网络信息系统，促进了城市规划管理工作的现代化。采用GIS模块化设计结构实用、先进，分为办公子系统、维护子系统、公众查询子系统。开发的成果在规划管理政务办公窗口的应用中，简化了手续，把工作效率提高了5—6倍。在办公自动化、信息产品多样化、图文表管一体化方面卓有成效。市区信息共享，联网运行以及公众自由查询和工具化设计等方面为其新的创新点。这一城市规划管理政务系统可扩展至两院一局的数据交换、软件工具、三维景观控制，人性化操作为其特点，并补充地下管网的普测工作。这一系统还可做城市现状管理和规划数据的叠加分析、历史数据的查询、数据的动态更新（如地形图的更新）等，实现了规划管理的信息化，为未来的数字化城市建设奠定了基础。图文表管一体化、工具化、用户自维护均处于当时国内的领先水平。城市规划管理政务系统可视为建设数字化城市的起步，未来将扩展到国土、房产、市政、电信、公安、交通各系统，并联络数据共享，可实现公示查询、公文流转等功能。

著名城市规划师古德曼（Donna Goodman）在20世纪90年代中期曾预言未来的城市是个大型的情报网，她和后现代主义学派的立场差异很大。她认为一个城市的主要功能应该在于提供人民可以选择的咨询情报系统，可以自由学习了解自己感兴趣的科目，而不是在受压力的状态下生活。未来的城市应该是你需要什么就能方便地提供给你。

## 2　能量的信息时代——网络空间

21世纪是生态的可持续发展和城市能流寻求自身平衡的时代，新时代的建筑要反映惊人的能流的信息，这些建筑不要一般性的城市建筑立面或历史性的设计原则，而要作为一个能流的容器。新的时代没有固定建筑风格的统一的制式，也没有统一制式的设计思想，建筑作为科学能流的容器，既是建筑之间的空间关系，又是创造城市文脉的容器。现代高科技的生态建筑有两种发展的趋势：一是新型结构和高科技手段在建筑上的应用，即创造高效节能的新建筑。一是探讨原始的节能方法，发展传统的天然材料，充分利用天然能源，甚至连建筑本身也能回到大自然中去。能量的信息时代又将会给城市带来什么样的意象？

网络自身已经失去了作为"工具形态"的意义，进而演变成为普通的"生活形态"。"无需远行，无需等待"的生活观念正使人们对传统的空间概念的理解渐渐模糊，时间的意义也在消解之中。网络中的人们对于前进与回归尽在掌握，一种不知不觉的心理模糊了空间和时间的界限，虚拟着人们赖以生存的真实世界的一切。这种数字化的生存方式使人们在不知不觉之中获得了宽松和开放的心境。然而，这种以信息和信息连接作为主体的空间形态在让我们回归到空间本质的同时，却在大量地失去真实空间之中那种人性之美和境界之美！

## 3  数字化生存——入门之屋

《数字化生存》（*Being Digital*）一书中指出，电脑设计除了让我们的环境中充满了各种看得见和看不见的智能装置外，目前对建筑学只是在绘图方面有不少帮助。所幸的是，未来新的传媒科技与建筑和城市设计的结合已经产生了创新的应用。特别是在 2000 年汉诺威世博会上，许多展馆设计成为创新的数字屋，有的巨大的空间网架本身变为一个巨大的电视屏幕，提供各种视听表演。随着现代科技的进步、媒体的革新，世界已经进入了信息时代，在这种科技条件下，建筑成了一种媒体，本身就能传递信息、表现图像，建筑与人之间的交流变得更为直接和具体。建筑不再是静止的、被动的，而成为积极的和动态的，同时也是多层次的空间。

现代无准则的设计抵制设计中的中心与轴线。罗斯曾经说："我们不能生活在图画中，作为画面设计的中心与轴线景观掠夺了我们使用活生生的生活领域的机会。"建筑的落位不再占据用地中心的地位，而只是环境空格中的一个物件。建筑不应该是路径中轴线上的终端，占据中心的应该是"空"的空间。众所周知，美国建筑大师约翰逊曾是摩登主义大师密斯·凡德罗的积极推崇者，他模仿密斯作品范斯沃斯住宅而建造的玻璃住宅一鸣惊人。透明的玻璃和强烈的光影效果是约翰逊作品的特征，他又曾与密斯共同设计了纽约的西格拉姆大厦，是摩登主义的代表作。20 世纪 80 年代以后，他厌倦了当时代表世界潮流的摩登主义国际式风格的单调与局限性。1983 年他的作品纽

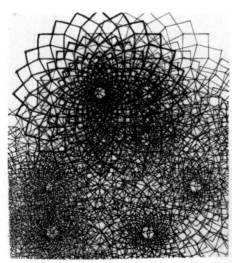

电脑绘图（电脑绘制的线架模型，展现建筑自由体的造型）

**图 11.7  "入门之屋"**

约电话与电报公司大楼在楼顶上运用了后期摩登主义的文脉标志——古典断山花，这个作品是第二代摩登主义建筑师退位给后期摩登主义建筑师的标志。再看他晚期的作品——"入门之屋"小建筑（图11.7），用电脑绘制的线架模型，展现现代网络时代建筑自由体的造型。从构成主义的点、线、面的动态组合，以及在网线穿插中生成的自由流通空间，微妙的空间层次、丰富的曲线轮廓暗示出平面中的许多设计元素。这里没有图面的中心和轴线，尽管运用了简洁的构成原则，空间却有多重的读解。

## 五 赛博空间与超空间

### 1 虚幻的赛博空间

赛博空间（Cyberspace）是21世纪出现的计算机语言。Cyberspace的前缀Cyber指的是"计算机的"，因此赛博空间是电子空间、计算机空间或网络空间，同时也是一种虚拟空间、精神生活空间和文化空间。"Cyberspace"这个词是美国科幻小说家威廉·吉布森于1984年在科幻小说《神经漫游者》中首先使用的。他描写了一个人将自己的神经系统连接上计算机网络，网络把人与机器联结起来，昭示了一种社会生活和交往的新型空间。在我国Cybernetics早已被译成"控制论"，是一门"关于在动物和机器中控制和通信的科学"。控制论这门学科的内涵包括两方面：一是进行航行掌舵式控制，一是进行通信交流。因此赛博空间包含着信息的控制和交流，以及空间的虚拟性与交互性，可以理解为是基于网络的、以数据形式传播的空间。其全面的定义是"一个全球联网的，用计算机生成，进入并维持的多维、人造或虚拟的现实"。赛博空间的真正价值在于能够在信息循环和虚拟层面容纳人类的生活与行为，这正是它的"空间"或"场所"价值。

数码时代的建筑学诞生了许多新的概念，如信息建筑、数字建筑、虚拟建筑、超建筑等。同时，信息时代的建筑空间观念已经突破了传统实体空间的界限，形成了实

**图11.8 虚幻空间的装置艺术作品**

体空间与赛博（电子）空间、物理空间与信息空间、物质实体与信息表征、现实存在与虚拟建构之间的交互联系共同存在的状态（图11.8）。虚拟现实和超三维空间的新形态出现，物质与信息、现实与虚拟、物理空间与电子空间已经如同一栋建筑的两面。

赛博空间带来了新的认知方式，计算机网络化使得信息高速流动、高度共享，超文本链接以多重性的路径提供了一个非线性的语义网络。虚拟现实技术使现实与虚拟、虚拟与真实之间分界模糊起来。赛博空间的个性化特征，网络使信息和知识交流具有交互性、非中心化、自组织等特点，能够以前所未有的自由度，搜索个人的讯息，所以赛博文化是具有高度个性的文化，真正的个人化时代已经来临。

## 2　虚拟的超空间

超空间（Hyperspace）也称多维空间，前缀Hyper有"超过"、"超越"之意。超空间与赛博空间的概念相似，但赛博空间注重信息传递而超空间更注重与真实空间相比较的空间特征。

赛博空间中运动的只有信息，作为容纳全球网络信息的空间，赛博空间具有非物质性。超空间也形成了物质和物理空间之外的非物质空间因而具有虚拟的场所特征（图11.9）。

超空间中的"虚拟性"是一种"虚拟实在"也即"虚拟真实"。超空间借助虚拟真实技术创造了这种虚拟真实。一方面通过计算机界面与真实空间发生联系，另一方面并没有真实空间物理、几何空间的规律。电子网络模糊了虚实之间的界限，改变了社会的交流方式，从而改变了空间的存在方式。

## 3　赛博空间中的建筑

最初赛博空间中建筑的概念是在赛博空间中人与人发生接触的场所界面。随着计算机和信息技术的发展，逐渐发展为存在于网络空间的虚拟建筑空间，如超建筑、虚拟建筑等。超建筑的原意为"超越现有建筑的建筑"。超建筑具有两重含义：一是可以在网络中以数字形式传递，二是在现实生活中体现为电子产品的输出界面。

虚拟建筑的探索首先使我们越来越沉浸在虚拟的关系之中，用越来越多的数字工具把空间视觉化，从而影响到我们思考空间和建筑的方式。其次，虚拟建筑或空间使我们从网络技术上以不

图11.9　超空间的装置艺术作品

同的方式看待和解决问题。第三，虚拟与真实的关系将建筑师所服务的范围拓展到虚拟的空间领域，这是赛博空间的发展方向，也是未来建筑师的从业方向之一（图 11.10）。

信息和网络技术不断改变着人们的价值、思维、知觉，从而改变人们的时空感觉。当今"空间"概念越来越与"信息环境"概念联系到一起。人们进入了一个全新领域，新工具、新可能、新视野。建筑总是受到工具运用的影响，设计工具计算机是划时代的。库哈斯说："我们建筑学遭遇到了极其强大的竞争……我们在真实世界难以想象的社区正在虚拟空间中蓬勃发展。我们试图在大地上维持的区域和界限正在以无从觉察的方式合并、转型，进入一个更直接、更迷人和更灵活的领域——电子领域。"

图 11.10　赛博空间的生成

## 4　虚拟的情感空间

在当今的信息社会中，人们将自身投入到信息的海洋中，迅速崛起的电脑和网络很快成为了诸多媒体中的主角，在创造虚拟空间方面功不可没。"数字化生存"是一个崭新的网络生存空间，甚至是生命的一部分，人们畅游其中，乐不思蜀，在网络世界的"虚"空间里构筑属于自己的纯粹的空间。生活中你曾梦想过的场景几乎都可以在虚拟的空间中找到，并可以通过参与得到情感的宣泄与释放。网络空间中有邮局、商店、书亭、茶馆、酒吧、聊天室等，逛街购物、看新闻、看书等都可乐在其中（图 11.11）。从这种既便宜又方便的虚拟情感空间中去体验，是现代人所特有的。2000 年汉诺威世界博览会上的许多展览场馆都运用了这种虚拟的空间设计，当你进入一个展厅如同进入了一个虚幻的世界，大量显示器组成的地板和墙壁把你带到了虚拟的情感空间，它或真或假，或虚或实，丰富了我们情感生活的精神世界，为我们带来了新的观念、新的感受和新的生活方式。

图 11.11　五颜六色，花花绿绿的街道空间

# 第十二章　建筑学的内外观

## 一　学习建筑学之外必备的知识

21世纪建筑学相关的学科领域不断地扩展，在新兴科学技术的带动下，建筑学领域的研究与新理论不断呈现出来，扩大了建筑师的视野，坚定了其对设计方向多元化的追求。建筑学之外的许多学科迅速发展成为建筑学之内的主流。如今的建筑师如果不懂得城市规划与城市设计，就不能胜任建筑设计；如果设计不涉及环境问题，作品就很难取得同行们的认可；如果没有考虑设计的生态化技术，作品就会落后于时代；如果跟不上现代艺术思潮，不够新潮，作品就不能引起公众的关注……总之眼前出现的建筑学之外的新鲜理论即刻变成了建筑学之内的设计原则，五花八门更新的新理论随之层出不穷。此外新时代的人们惊奇地发现古人创建的没有建筑师的建筑早已是人类应对大自然环境的典范，那些没有建筑师的建筑是人类探索未来建筑生态环境的宝贵遗产和财富。

当代的建筑师只靠传承经验是不够用的，必须学习新理论、新知识，即在建筑学之外的创新，这才是未来建筑设计的出路。当今新生代的青年建筑师如果不读书不学习，死守建筑学之内的传统设计技巧，就会落后于时代。今天学习的建筑学之外的"新"，明天就会成为建筑学之内的"旧"。因此不应把建筑学之外的理论知识看作分外事，建筑学之外的理论知识是建筑学之内必备的知识更新与进步。

## 二　学习没有建筑师的建筑

原始建筑的形式起源于人类居家的仿生形态，中国最早的建筑师是"有巢氏"，那时人类的居家形态和动物的巢穴没有什么两样，后来随着人类文化历史的发展，才有了"建筑"的概念。仿生、模仿自然是建筑设计的起源，经历了几千年，至今那些没有建筑师的建筑——世界各地的乡土建筑和民居，才是人居环境与自然和谐共生与生态技术方面最优秀的范例。

### 1　气候效应的乡土民居

建筑大师路易·康从非洲回来后曾说起"我看到很多土著人的茅屋，它们全都一样，也全都好用，而在那里没有建筑师，我很感动，人类竟可以如此聪明地解决太阳、风雨的问题"。然而在现今技术发达的国度，任何地区的住宅都需要昂贵的空气调节设备，建筑师有意地忽略天然条件，而那些解决冷、热、干、湿的时髦办法常常解决不了问题，房子变得非有空调不可，有时机器的价钱比房子还要贵。虽然拥有一大堆机器设备，房子的气候效应还是越来越差。

自古以来房屋就是让人在里面可以不受外界气候的干扰而舒适生活的空间，所以气候是建筑的成因。世界上那些没有建筑师设计的乡土民居择地建家，依山之势，跨水之边，变通而不拘泥，村落的大小分合，房屋的前后错落，都因环境的自然条件而变化，住屋具有"乡土气息"。土地伦理学对待自然界的观点要求建筑师因地制宜地保护大自然，民居建设乡土化，保护土地的自然生态不被人为破坏。重视环境、风水、落位，因地制宜、就地取材、坐北朝南、落位阳光地段，是全世界乡土地方性民居的建筑特色。如水乡民居、黄土高原上的生土窑洞、热带雨林中的高架竹楼、沙漠草原中的帐篷、严寒北极的冰屋、游牧印第安人的棚架民居、阿拉斯加的圆木屋、地中海沿岸和中东山区的石板住宅、西非和南亚的苇草泥屋等，都是没有建筑师的适应生态气候效应的建筑杰作（图 12.1）。

世界各地人类的家屋都是以天然材料修建的，天然材料的运用构成地方性民居的主要特征。按材料大致可分为苇草的家屋、泥土的家屋、移动方便的帐篷家屋、竹草的家屋，其他还有西伯利亚的木头房子、北欧木板房、沿地中海希腊土耳其的石板房等。

原始时代，人类的群体关系密切，表现为具有地域性特点的院落格局、聚落、村庄之间的差异，民居的内部庭院组合方式也因地域而不同，此外，全世界的乡土民居还反映当地居民的文化习俗，并融汇于地方性自然生态环境之中。民居的地域性特征表

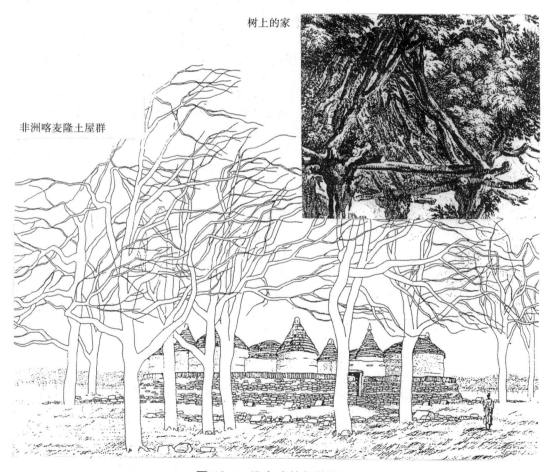

树上的家

非洲喀麦隆土屋群

图 12.1　没有建筑师的建筑

现出民族、文化、传统和社会习俗等诸多要素。世界各地民居有着由历史传承下来的多种多样的建筑形式，丰富各异的特点显示了许多因素间复杂的相互作用和影响。民族、文化、传统的因素在不同的时空，时而突显某一因素，时而改为重视其他因素，某些有趣的社会现象无不反映到民居的形式特征上来。世界民居的各种形式是一个复杂的现象，没有单一的理由可以解释得通。从世界乡土民居中可以明显地看到多民族的特征，宗教文化也影响住宅的平面形式、空间组合和朝向。

## 2　人与自然的延续——仿生家屋

世界上没有建筑师的建筑，没有建筑的建筑空间，源自古代仿生的家屋，它是人与自然的延续。运用天然材料的仿生居家与大自然融为一体。有仿生几何学的家是大自然中数学图形的抽象，有的就是一座几何形的巢箱，以直角、水平和垂直线形体构成。有的以棕榈叶做屋面，有的深入地下和土中，有的挂在树上或浮于水面，种种模仿自然的生态家屋都表现了人与自然界的连续性。乡土民居的内部空间有的表现如同母体的内部一样，如非洲泥屋中椭圆形的入口，如同人体的子宫，仿生曾是原始民居发展进化的原动力。

石头家屋中精湛的石工技术遍及全世界，中南美洲的玛雅文明、印加文明都体现出高超的石砌技术，特奥蒂瓦坎古城遗址和马丘比丘要塞至今都是其见证。

木头家屋是原始木构棚架发展的技术成就。中国传统的木梁柱体系将承重和围护结构两者分开，"墙倒屋不塌"，大大减轻了地震对房屋的威胁，体现了木结构的优点以及人类精湛的技能。

在炎热地区，竹木混合使用，支撑楼阁、吊楼和高低错落的屋面交叉，表现出高超的竹木结构的捆绑技艺。以竹替木，草叶作顶棚，苇草捆作拱，棕榈叶作屋面，竹子编成墙壁，既通风又排除了眩光。屋面大而陡，深深的出檐都是应对气候影响建筑出现的形式特征。把房屋由地面架起，空气可以由地板下面流通，既通风又隔潮。

地下的家屋犹如鼠类在沙漠中的地下洞穴，设置有多处安全出口。这种草原动物的地下生活是原始人类居家的原型。无论是通风还是温度和湿度调节均能从天然的节能方式中得到理想的解决。中国黄土高原的地下窑洞、北非突尼斯的地下穴居、土耳其和巴基斯坦北部山崖上的家屋、澳大利亚库伯派蒂岩矿中的洞穴住宅，其优越的节能特性都展示了未来生态家屋的发展前景。中国的生土窑洞是在黄土高原的沿山岗与地下开凿的寓于大自然环境中的居住空间，这种直接从大地中开凿出来的居住空间冬暖夏凉，不占农田，不破坏生态，正是"上山不见山，入村不见村，院落地下藏，空间土中生"，是没有建筑师的建筑，是没有建筑的建筑空间。

土中的家如燕子、马蜂和非洲白蚁的泥居巢穴，有的圆形巢内还有天井。人类也效仿这种土中的巢穴，如中国福建的土楼等。天然的生土是土体民居的主体材料，土坯制作或夯土技术遍及世界各地，丰富多彩。岩洞中的家屋也具有土中家屋相似的优点，在土耳其和巴基斯坦峭壁上开凿的住屋就像竹筒中的虫巢。

在干旱的草原沙漠地区，蒙古族的蒙古包和阿拉伯贝都因帐篷，都因适应当地的生存环境而各具特色。由于草原沙漠中只有毛皮和少量木材，帐篷结构力求经济轻便，绑绳子的手艺世代相传。现代的膜结构技术即由原始帐篷发展而来。更快捷的流动性家屋是车船上的家，如吉普赛人的大篷车。天然水系河网密布的前街后河的村落中，水网成为水上人家的天然运输通道。在印度的克什米尔，泰国河网的三角洲，中国的珠江、扬子江地区，印度尼西亚的岛屿海边，有各式各样的水上家屋。

树上、空中的家屋是为了躲避野兽的侵袭。至今在印度的茂林中仍有高架的木屋粮仓。在南亚太平洋的岛屿上，人们把自己的家高举在半空，既防潮又通风。悬吊、高层的家屋，出自对大自然的模仿，下滴的雨水、蜘蛛网、蜜蜂窝等自然界的景象，都启示人类构筑悬吊的、竹木的，可以跟随大树摇动的吊在树上的家屋。

表现张力的蜘蛛网、枝叶上下垂的虫鸟巢窝、织布鸟用树叶编织的巢窝构造，都是人类建造家屋所模仿的对象，如挂在树上的吊床、挂椅和秋千。几何规整的六角形蜂窝，昆虫集居的方式，好像是多层建筑的窗户。赖特设想的高层建筑如同一棵玻璃的大树，它有钢筋混凝土的树干，外罩以玻璃的轻墙表皮，他称之为"混凝土与玻璃的大树"。

# 三 向未来的探索

## 1 乌托邦和建筑师的梦想

乌托邦（Utopia）是形容一种理想的国度，最早出现在英国人莫尔以拉丁文出版的《乌托邦》一书中，意思是"乌有之乡"，是一个各种制度和政策完全受理性支配的理想城市。乌托邦思想启发建筑师寻求未来理想的世界。中国的乌托邦高潮发生在 1958—1960 年"人民公社化"时期，和其他学术领域一样，中国的建筑乌托邦思想表现为根深源广的农民意识加上对共产主义的激情和向往。当时的"安国县城关镇及药材公园规划工作介绍"发表在 1960 年的《建筑学报》上，是对共产主义的乌托邦理想，追求脑体劳动差别的消失、亦工亦农，和谐平等的理想未来。安国县位于冀中平原，是小麦产区和棉产区，当时有 300 多个自然村，组成 7 个人民公社。县城是历史上的祁州，1959 年时人口 1 万，面积约 200hm²，规划人口 5 万，分散布置工农业，采取伸展式的城市形态，使农业人口可靠近耕地，耕作距离最远不超过 2.5—3km，农田插入城市有利于城市田园化。居住区以生产大队为单位，划分为 3 个部分，每部分都有工业人口和农业人口。道路系统与机耕道联系，机耕道围合成"大方"，每方为 822.5m × 822.5m。绿化系统把城镇分割成若干部分，布置药材、文化体育、娱乐三个公园。

安国出产药材，已有 400 多年历史，闻名全国，当时规划了 25hm² 的药材公园，四周是人民公社的药材田，有医学院、中医研究所、中药加工厂、仓库等设在附近，既是试验、科研基地，又是生产基地，利用药材植物特点、色彩、形态及开花季节等做美化处理。全园分大面积种植区、建筑群及动物区。在公园入口展览馆前面布置花坛，种植形美色艳的药用植物，如牡丹、芍药、菊花等；两旁种薄荷、荆芥等色彩较少的植物，利用蔓生植物如瓜蒌、牵牛、葡萄等，组成花架、花廊。当初的规划设计是 1959 年初进行的，50 年过后，已成为历史的乌托邦，现今的安国总体规划使其发展为中等城市，被城市规划法所框定了的模式化的城市总平面布局，盲目地模仿大城市的格局，已经丧失了地域性特色。

还有一批专家在河北省徐水县的大寺各庄实现他们的梦想，这个理想的共产主义新村有住宅、食堂、幼儿园、敬老院等。600多名农民离开了祖祖辈辈分散的院落，搬进了楼房。规划设想中的公社居民点不仅仅是农民的居住地，还安排了工业用地、民兵练兵场、生产部队，并接近农业劳动的场所。这被认为是逐步消灭脑体劳动差别，向共产主义过渡的主要步骤。他们把"楼上、楼下、电灯、电话"当成改变过去落后面貌的重大标志。为了"集体化"和解决男女老幼的不同需要，建起的大量的城市宿舍式的农民住宅，最终都化为乌有。

再看阿尔及利亚的社会主义乡村经验，1971年布迈丁总统发动的工业革命，要求创造1 000个村庄，最终建成了58个，以失败告终。这个梦想的天堂是按照城市模式构想出来的，每个村庄有100—200间一样的住所，没有牛棚也没有场院，农民被纳入农业生产单位，这些农业生产单位又被迁进工业范围和城市生活方式。革命的目标好像是要消灭社会的传统结构，这意味着村庄的基础建设失调：街道笔直宽阔，照几何图形布局，设施标准化，村庄都一模一样，统一化的意识形态处处可见，有美感的建筑在农村中却难得一见。

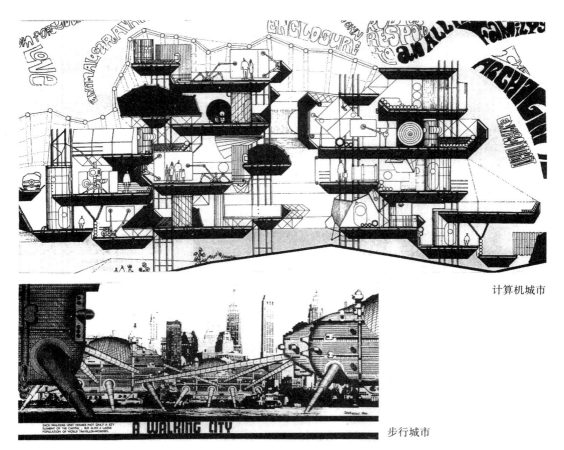

计算机城市

步行城市

图 12.2　建筑电讯派的计算机城市和步行城市

## 2 建筑电讯派（Archigram）和探索未来

20世纪60年代，英国的一批建筑学院的毕业生和年轻的建筑师希望从新技术革命的角度对现代主义建筑进行批判，成立了Archigram，并通过同名杂志来提倡和探索建筑中的流动性和变换性。第一期主题是"流通与运动"，第二期是"消耗和变化"，到1970年共出9期。他们设计方案、举办展览以宣传自己的观点，想用先进技术解决社会生活的流动、变化和城市发展问题。他们宣称从事一种积极的建筑，按此设想设计了著名的1964插入式城市、步行城市、计算机城市、速建城市等（图12.2）。他们的方案图及主张犹如科学幻想，奇特新颖。1977年法国蓬皮杜艺术中心的建成被认为是受到Archigram的强烈影响。Archigram的几幅设想图对建筑学传统观念有巨大的冲击作用。至今Archigram不仅已成为建筑学之外的时尚，已进入第二机械化时代的Archigram还出现了一些更为新潮的设想作品。

人类探索未来，探索未知，是科学技术发展的动力，城市与建筑的学科领域在不断地向未知的领域扩展。要保护未知，因为我们还不知道我们将来会失去什么，因为我们还不知道将来我们要得到和喜爱什么。保护可以获取时间，给未来留下更多的发展机会，这是环境生态观念对未来探索所持观点的核心。我们对众说纷纭建筑学之外的新鲜事物虽然尚不全然了解，但我们应持保护的态度，以求知的精神探索未来。

早在1961年，日本建筑大师黑川纪章在设想东京发展计划中，提出了未来城市主张的新陈代谢理论，以巨大的水平与垂直的螺旋形巨大建筑组合城市空间称为DNA建筑，即把城市与建筑视为有机的生命体（图12.3），为今天城市与建筑生态可持续发展

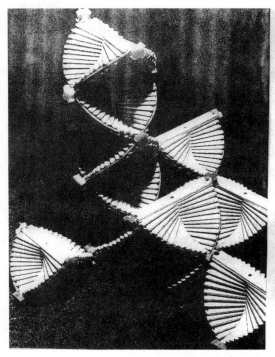

**图 12.3　黑川纪章 1961 年设想的东京计划中的未来城市中巨大的螺旋形 DNA 建筑**

的观念打下了理论基础。

　　日本建筑师广原思设想的未来广州大楼（图12.4）和他理想的地球外建筑（图12.5）都具有探索未知的魅力。

图 12.4　未来的广州

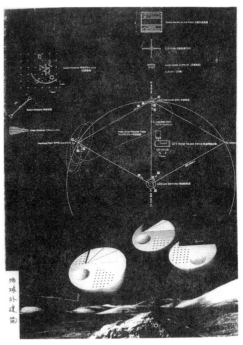

图 12.5　地球外建筑，未知的魅力

# 四　是高深莫测还是故弄玄虚

　　一些学者们认为，建筑的不定性与复杂意义的寄寓，是当代艺术、建筑和文化的出发点。不定性作为现代空间环境的另一显著特征，是对后现代主义思潮的巨大冲击，现代作品中有多元、混杂、折中、多义、不定的创作思想，表现出耐人寻味的意境，强调"过程"以及"时间"因素全方位的时空感。设计手法上的扭转、变形、错位、夸张、特殊形状等独特的视觉感受，以及空间的穿插流通、渗透、融合带来的不确定、难预料、多视点的全方位效果，界面之间不讲究明确的"纯粹"，"含糊"而不是"分明"，令人困惑。

　　法国鲁昂建筑学院的学生们的构成作业就是在游戏中培养他们的立体构思能力。许多建筑大师说过"设计是构图的游戏"，这一点从许多设计作品的成果就可以看出（图12.6）。

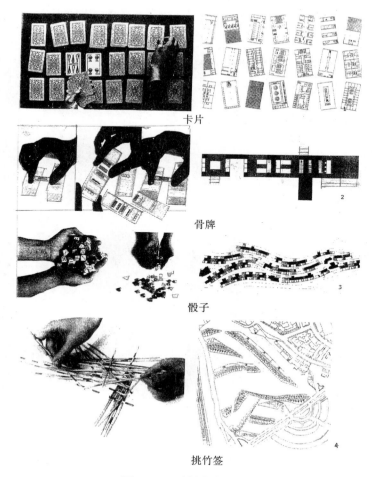

卡片

骨牌

骰子

挑竹签

图 12.6　建筑师的游戏

　　建筑师们用真情唤醒生命，认为室内外空间不需要什么奢华、富丽，应是自然、灵活、随意的场所，自发的生活舞台。孩子们、老人、情侣各得其所，浓浓的人情味像阳光、空气和绿地一样是生活的真情。在室外空间中，相应规模的最基本的、最紧密的人群活动是必需的，他们是生活活动的维持者，空间秩序的维护者。空间中的设施设置要提供良好的环境，为人们停留提供依托，引发行为的发生。创造具有安全感和安定感的场所，需要设计师们调动人们参与的积极性和责任心，用真情唤醒生命，要设计无拘无束的建筑。图 12.7 中（1）为 1989 年西班牙桑坦德大学图书馆；（2）为 2000 年西班牙托莱多公共汽车站；（3）、（4）为 1997 年西班牙阿利坎特会议中心；（5）为西班牙马洛卡的帕尔玛展览棚；（6）为 1994—1996 年工厂原型住宅；（7）为 2002 年荷兰鹿特丹卫星城的霍赫弗列特新城。

　　建筑学之外的新见解、新理论层出不穷，让我们目不暇接，大开眼界，在建筑学广阔的学科领域之内的许多方面尚待我们深入的探讨，如今又涌现了那么多新奇有趣的建筑学之外的新学问，这些新理论、新思想又迅速地转化为建筑学之内的不可或缺的新知识，我们总有一种跟不上形势发展之感。2002年出版的《大城市先锋派建筑学辞典》（*The Megapolis Dictionary of Advanced Architecture*）是一部信息时代的城市、建

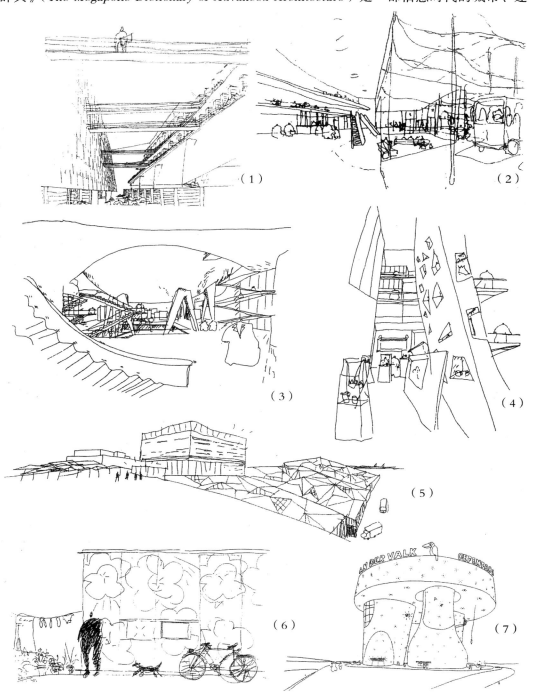

图 12.7　无拘无束的建筑

筑、技术与社会方面的大词典，有别于
工业化摩登化时代的建筑学词典，它集
中了数字化技术、经济知识、环境觉醒、
个性化、建筑学新时代的新领域的新概
念。有的新鲜词汇令人耳目一新，受益
匪浅，但有些新词汇很难理解，高深莫
测，常常是让人百思不得其解，是否是
建筑大师在故弄玄虚（图 12.8）？有的
非建筑也许不是建筑，是与建筑学无关
的建筑学之外。太多太多的虚无缥缈的
空洞道理，会把初学者引入迷途。因此
当我们讨论建筑学之外的新理念时，也
要分辨真伪，专业精神在于专与精，更
在于通达，当我们专修到一定程度就会
懂得尊重别人的事业。在这个众说纷纭
的时代里，有不少建筑师想出了太多的
无用的知识，事实上当今以西化为主体
的理论趋势中，如何在考虑现实自我利
害的同时，又不遏抑学术自由？当我们
讨论建筑学之外的新知识时，也要分辨
学术理论和生活经验、社会现象的关系
到底如何。是否一定要先读解、先研究
理论，才看得透真相？引用台湾学者王
镇华先生的话："任何道理、理论讲出来，
应使人觉得道理就如事实，而非事实该
如道理。"

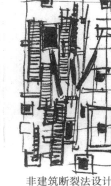

非建筑断裂法设计

柏林街头泰坦尼克小商店

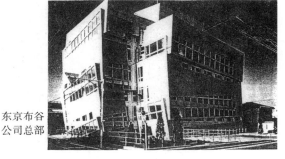

东京布谷
公司总部

图 12.8　是高深莫测还是故弄玄虚